Ioana Stanciu

Reologia delle confetture di frutta

Ioana Stanciu

Reologia delle confetture di frutta

ScienciaScripts

Imprint
Any brand names and product names mentioned in this book are subject to trademark, brand or patent protection and are trademarks or registered trademarks of their respective holders. The use of brand names, product names, common names, trade names, product descriptions etc. even without a particular marking in this work is in no way to be construed to mean that such names may be regarded as unrestricted in respect of trademark and brand protection legislation and could thus be used by anyone.

Cover image: www.ingimage.com

This book is a translation from the original published under ISBN 978-620-7-45600-0.

Publisher:
Sciencia Scripts
is a trademark of
Dodo Books Indian Ocean Ltd. and OmniScriptum S.R.L publishing group

120 High Road, East Finchley, London, N2 9ED, United Kingdom
Str. Armeneasca 28/1, office 1, Chisinau MD-2012, Republic of Moldova, Europe
Printed at: see last page
ISBN: 978-620-7-74946-1

Contenuti

Introduzione....2
CAPITOLO 1....3
CAPITOLO 2....33
CAPITOLO 3....84
Riferimento....104

Introduzione

La reologia è la scienza della deformazione e del flusso della materia o, in altre parole, lo studio del modo in cui i materiali rispondono alle sollecitazioni e alle deformazioni applicate. Con questa tecnica è possibile caratterizzare fisicamente la struttura della materia.

I prosciutti di frutta si ottengono cuocendo la frutta (pezzi, polpa e/o succo) con zuccheri, agenti gelificanti (di solito pectina) e acidi alimentari (di solito organici), e concentrando la miscela fino a ottenere una consistenza caratteristica e adeguata. Un gel è un prodotto intermedio tra un solido e un liquido che presenta caratteristiche sia elastiche (solido) che di fluidità (liquido). Un certo numero di alimenti sono commercializzati sotto forma di gel che offre convenienza ai consumatori, come ad esempio marmellate, gelatine, prodotti dolciari e dessert.

La conoscenza delle proprietà reologiche degli alimenti fluidi è importante anche per la qualità, la comprensione della consistenza, l'applicazione dell'ingegneria di processo, la correlazione con la valutazione sensoriale, la progettazione del sistema di trasporto, la progettazione delle apparecchiature (scambiatore di calore ed evaporatore), il dimensionamento della capacità della pompa e la potenza richiesta per la miscelazione, ecc.

CAPITOLO 1

I. Tecnologia per ottenere la marmellata di mirtilli

1.1. Aspetti generali

Il mirtillo (*Vaccinium mirtyllus*) cresce spontaneamente nel nostro Paese, nelle zone di montagna, dove può formare tappeti compatti. Nella cultura, invece, è stato introdotto il mirtillo ad alto fusto, originario del Nord America.

I mirtilli sono ricchi di zuccheri, vitamine, sali minerali, tannini, ecc. Sono richiesti per il consumo fresco e come materia prima per l'industria alimentare, per la preparazione di succhi, sciroppi, mirtilli, liquori, marmellate, gelatine, ecc.

Le foglie e i germogli contengono tianina, riboflavina, vaccinina, arbutina, erichina, acido chinico, miristico, palmitico, ecc.

Grazie all'elevato e vario contenuto di sostanze, i frutti e le foglie hanno una serie di usi medicinali nel trattamento di disturbi dello stomaco e dell'intestino, del sistema urinario, nel diabete, nel miglioramento e nell'aumento dell'acutezza visiva, ecc.

1.1.1. Origine e area di cultura

1.1.2. L'origine della specie

Il mirtillo fa parte del genere Vaccinium, famiglia delle Ericaceae. Il genere Vaccinium comprende circa 200 specie, geograficamente diffuse dal Circolo Polare Artico ai tropici.

L'elevato numero di specie è dovuto agli incroci naturali che si verificano nel tempo e che hanno dato origine a numerose forme intermedie, molte delle quali sono molto vicine, in termini di habitus e biologia, alle specie parentali.

Si stima che oltre 75 specie si trovino nel Sud-est asiatico, 50 in Nord America, 25 in Sud e Centro America e il resto in altre parti del mondo.

In Europa sono state identificate solo 4 specie: V. myrtillus L. (mirtillo nero), V. Uliginosum L. (mirtillo cacciato), V. vitis idaea L. (mirtillo rosso) e V. oexcoccus L., che crescono spontaneamente nelle zone montane di Norvegia, Svezia, Finlandia, Polonia, Romania, Jugoslavia, Italia. Sono specie di piccole dimensioni, con fiori e frutti piccoli, per lo più solitari.

1.1.3. La cultura del mirtillo nel mondo e nel nostro paese

Il mirtillo nero è originario del Nord America. Oggi è diffuso in molti Stati americani.

In Europa è stato introdotto nel 1925, prima in Olanda, poi in Germania, dove ha conosciuto un particolare sviluppo e negli ultimi decenni anche in Austria, Danimarca, Inghilterra, Scozia, Svizzera, Italia, Jugoslavia, Polonia, Romania.

Le prime piantagioni nel nostro Paese sono state realizzate nel 1968, presso la

Stazione di Ricerca Bilcesti, nella contea di Arges. Attualmente, è coltivato su circa 100 ettari sia nella rete di località dell'I.C.P.P. Maracineni-Pitesti, sia nelle aziende agricole specializzate nella coltivazione di arbusti da frutto Baiculesti e Bailesti, contea di Arges, I.P.I.L.F. Fagaras, contea di Sibiu, A.E.I.P. Todiresti, contea di Suceava.

Il programma di sviluppo per il periodo 1981-1985 precede l'impianto di 1000ha di mirtilli.

1.1.4. Requisiti per i fattori ambientali

Il mirtillo è una specie dal clima fresco e umido che, pur tollerando l'ombra parziale, dà i migliori risultati quando riceve la luce diretta del sole.

In termini di temperatura, ha esigenze moderate, riuscendo ad affermarsi in zone dove la media annua è compresa tra 7,8 e 8,5, e durante il periodo di riposo sopporta temperature fino a -25 Negli inverni senza neve, invece, si possono avere danni a temperature di -10...-15 . Anche la resistenza al gelo è diversa a seconda della varietà.

Il fabbisogno di luce è massimo durante la fioritura e l'allegagione, dopodiché diminuisce gradualmente. Sono comunque indicate le parcelle con esposizione soleggiata.

L'umidità. le richieste di acqua sono elevate, nel senso che è necessario garantire costantemente questo fattore, soprattutto durante la stagione di crescita. Questa necessità è dovuta all'apparato radicale che si sviluppa nello strato superficiale, dove l'intensità dell'evaporazione è maggiore.

Le zone dove gli inverni sono ricchi di neve sono molto favorevoli alla coltivazione del mirtillo, sia in termini di protezione dal gelo che di approvvigionamento idrico all'avvio della vegetazione.

I terreni preferiti dai mirtilli sono acidi (pH=4,8-5,5), strutturati, fertili, ben forniti di acqua e con una buona aerazione.

I più favorevoli sono i terreni bruno-acidi, di medio impasto, con un buon drenaggio dell'acqua, senza fenomeni di glaciazione fino a una profondità di 50 cm.

Di importanza decisiva è la reazione del terreno, che limita la coltura del mirtillo. Non sono consigliabili terreni sabbiosi, scarsamente forniti di sostanza organica, terreni situati su substrato alcalino, così come terreni argillosi privi di struttura e con scarso drenaggio. Anche il contenuto di humus deve essere di almeno 3,5-4, perché la massa principale delle radici si sviluppa nello strato superficiale del terreno, ricco di sostanza organica, e solo una piccola parte di esse esplora gli strati più profondi.

1.1.5. Principali varietà coltivate

Bluecrop - varietà vigorosa, a portamento eretto, molto produttiva, con maturazione media. I frutti sono molto grandi, di colore blu chiaro, con grappoli aperti, di forma sferica-appiattita, resistenti alle spaccature, di sapore medio, e a maturazione si staccano facilmente dai rami. Resistente alle malattie e alla siccità.

Blueray - varietà vigorosa, a portamento eretto, molto produttiva, con maturazione semi-precoce. I frutti sono molto grandi, di colore azzurro, con polpa verde, aromatici e resistenti alle spaccature. Buona capacità di conservazione.

Bluetta - varietà di media vigoria, produttiva e con maturazione molto precoce. I frutti sono grandi, con un forte aroma, di colore blu chiaro. Varietà molto resistente alle gelate primaverili.

Burlington - varietà vigorosa, con portamento eretto e rami rivolti verso l'esterno, produttiva, a maturazione semi-precoce. I frutti blu di media grandezza, con polpa soda, leggermente aromatici, resistenti alle screpolature e con una buona capacità di conservazione, hanno qualità gustative medie.

Collins - varietà vigorosa, eretta, produttiva, con maturazione semi-precoce. I frutti grandi, disposti in grappoli aperti, sono di colore blu, con polpa soda, aromatica, con buone proprietà gustative, resistente alle screpolature, alle malattie e al gelo.

Coville - varietà vigorosa, con porta laterale, produttiva con maturazione tardiva. I frutti molto grandi, disposti in grappoli aperti di colore blu, hanno polpa soda, molto aromatica, acida, resistente alle screpolature, con buona capacità di conservazione e particolari proprietà gustative. Ha invece una debole resistenza al gelo, soprattutto nelle zone fresche.

Darrow - varietà vigorosa, eretta, produttiva, con maturazione tardiva (fine luglio). I frutti sono grandi, distribuiti in grappoli, di colore blu chiaro, aromatici, debolmente acidi, resistenti alle screpolature. Ottime qualità gustative.

Earliblue - varietà vigorosa, con portamento eretto, leggermente laterale, a maturazione precoce. I frutti sono grandi, blu, disposti in grappoli leggermente aperti, con polpa soda, di media acidità, con buone qualità gustative.

Ivanhoe - varietà molto vigorosa, a portamento eretto, con rami leggermente arcuati, molto produttiva e a maturazione semi-precoce. I frutti sono grandi, disposti in grappoli mediamente aperti, di colore blu scuro, con polpa soda e aromatica, resistente alla sfregatura. Resistente al gelo e alle malattie.

Marow - varietà di media vigoria, con portamento semi-eretto, produttiva con maturazione precoce. I frutti sono grandi, disposti in grappoli sciolti, di colore blu chiaro, polpa soda, senza acidità, con buone proprietà gustative.

Rubel - varietà vigorosa, a portamento eretto, con maturazione semi-precoce. I

frutti sono piccoli, di colore blu, disposti in grappoli molto aperti, debolmente aromatici.
Stanley - cultivar vigorosa, eretta, a chioma rada, produttiva, a media maturazione. Frutti di medie dimensioni, disposti in grappoli di media grandezza, con polpa soda e molto aromatica, resistente alle screpolature.
Weymouth - varietà di vigoria medio-bassa, con porta aperta, produttività media, maturazione molto precoce, in un periodo breve. Frutti grandi, di colore blu brillante, disposti in rari grappoli, polpa soda, debolmente aromatica. Al forno i frutti si staccano facilmente
rami. Le qualità gustative sono buone.

1.1.6. Raccolta e utilizzo dei mirtilli

1.1.7. Raccolta della frutta

La maturazione dei frutti avviene per gradi e si estende per un periodo di 4-7 settimane, a seconda della varietà, del clima generale della zona di coltivazione e delle condizioni dell'anno. Le varietà a maturazione precoce, che beneficiano di un maggiore calore, hanno un periodo di maturazione relativamente più breve.
con varietà a maturazione media o tardiva.
La maturità del raccolto è considerata quando i frutti acquisiscono il colore specifico della varietà (blu, blu brillante, nerastro, ecc.) e la buccia diventa elastica quando viene pressata.
La maturazione dei frutti in grappolo avviene nell'ordine di formazione, cioè dalla base verso l'alto.
La raccolta dei mirtilli viene effettuata manualmente, semi-meccanizzata e meccanizzata.
La raccolta manuale viene effettuata con lavoratori stagionali. Per evitare il deterioramento della qualità, è necessario raccogliere solo con tempo asciutto, evitando le ore di forte luce solare durante il giorno. I lavoratori saranno istruiti a non pulire i frutti durante la raccolta, che è un indicatore di qualità. Un raccoglitore di fascia media, con una produzione di frutta abbondante, può raccogliere 30-40 kg di frutta in 8 ore.
Per aumentare la produttività della raccolta manuale, nelle zone più fresche, dove il rischio di perdite dovute allo scuotimento è ridotto, si consiglia di raccogliere i frutti a intervalli di una settimana, durante la quale un gran numero di frutti matura in grappoli.
La raccolta avviene per varietà, in cesti di plastica della capacità di 0,5 kg, disposti in fila, in cassette della capacità di 3 o 5 kg.
Durante la raccolta, le confezioni di frutta vengono tenute all'ombra, in capannoni, al riparo dalla pioggia e dal sole.

La raccolta manuale è consigliata per i frutti destinati al consumo fresco. Fino al momento dell'utilizzo, i frutti vengono temporaneamente conservati in locali freschi, a temperature di 10-12, dove possono essere mantenuti per 4-5 giorni senza deterioramento qualitativo e quantitativo.

La raccolta semi-meccanizzata consiste nel raccogliere i mirtilli a mano e in un bunker comune; anche colpendo i cespugli con corti tubi di gomma e raccogliendo i frutti in cesti posti sotto il cespuglio.

Il vibratore meccanico è ampiamente utilizzato nei grandi paesi di coltivazione del mirtillo. La fonte di energia è un motocompressore tirato e spinto dall'uomo, che trasmette i movimenti vibratori a 4 bracci
con estremità in gomma, che si appoggiano sui rami. I frutti cadono su un foglio di raccolta con pareti
inclinazione. Utilizzando questa macchina, la produttività del picking aumenta di 10-15 volte.

La raccolta meccanizzata viene effettuata con la mietitrebbia, una macchina composta da due ali laterali vibranti azionate idraulicamente, da un raccoglitore in tela e da nastri trasportatori che
Porto i mirtilli in casse disposte a livelli su un lato e sull'altro della mietitrebbia. La macchina funziona attraversando una fila.

Nonostante tutti i progressi registrati, grazie alla raccolta meccanizzata, si registrano ancora perdite quantitative e svalutazioni qualitative, essendo la produzione destinata all'industrializzazione.

Per questi motivi, le prime due raccolte devono essere effettuate manualmente. I frutti ottenuti, essendo i più grandi, saranno utilizzati freschi.

1.1.8. Utilizzo della frutta

I mirtilli sono molto ricercati sui mercati nazionali e di esportazione. Circa il 50-60% della produzione mondiale di mirtilli viene utilizzato fresco, mentre il resto della quantità è destinato all'industria per la preparazione di sciroppi, vino tonico, liquori, marmellate, ecc.

I mirtilli sono caratterizzati da una buona capacità di conservazione, superando da questo punto di vista i frutti di altri arbusti da frutto (lampone, ribes nero, mora, ecc.). Questa capacità è strettamente legata alla particolarità dei chicchi sani di rimanere intatti dopo la deiscenza
dai grappoli e non perdere facilmente il succo durante la manipolazione e il trasporto.

La loro conservazione allo stato fresco per il consumo o l'industrializzazione può avvenire per 4 settimane in celle frigorifere, a temperature comprese tra 0 e 2. A temperature di 4-5 possono essere conservate per 7-8 giorni, e a 20-22 solo per 2-3 giorni.

I frutti e gli ortaggi terapeutici più potenti compaiono in agosto, come aiuto offerto a tutti gli esseri viventi della terra, per proteggersi dalla stagione fredda. Tra questi, i mirtilli occupano un posto di primo piano. Con i loro frutti simili a perle nere e smerigliate, incorporano tutta l'energia solare catturata sugli altopiani montani dove crescono. Una porzione di mirtilli vale quanto 3-4 scatole di vitamine, con la precisazione che le vitamine A, E, F, PP, B contenute nei mirtilli sono molto più facilmente assimilabili, perché in formula naturale. Per quanto riguarda le azioni terapeutiche, il loro elenco colpisce sia per la sua ampiezza sia per l'effetto insolito di questi alimenti medicinali, che sono i mirtilli. Il frutto fresco del mirtillo, così come quello essiccato, aiuta a rigenerare i vasi sanguigni, a normalizzare la glicemia e a rigenerare la retina viola, aumenta la sensibilità dei fotorecettori nell'occhio, neutralizza le infezioni nell'intestino, dilata leggermente i vasi coronarici, protegge l'organismo dalla radioattività. La mirtilina, una sostanza contenuta nei frutti e nelle foglie, penetra nella cellula batterica e ne indebolisce la vitalità, e somministrata internamente abbassa la glicemia. I pigmenti che conferiscono la tonalità bluastra ai frutti proteggono l'organismo dalla radioattività e regolano alcuni processi immunitari.

1.1.9. Applicazioni dei mirtilli in medicina

Alzheimer - uno studio condotto nel 1999 da un gruppo di ricercatori americani dell'Università di Boston, negli Stati Uniti, sotto la guida del dottor J.A. Joseph, ha dimostrato che la somministrazione di mirtilli aiuta a prevenire l'invecchiamento del sistema nervoso e a preservare alcune funzioni cognitive e motorie. Un regime nutrizionale di diverse settimane in cui il 4-3% della porzione giornaliera di cibo era costituito da mirtilli ha portato addirittura a un aumento della capacità di apprendimento, al miglioramento della memoria e della coordinazione motoria. Questi effetti sono dovuti all'azione antiossidante dei principi attivi dei mirtilli, che prevengono i processi degenerativi del sistema nervoso centrale.

- Demenza vascolare - diversi studi condotti in Cina, nel 2005-2006, hanno dimostrato che la somministrazione sistematica di mirtilli aiuta a mantenere la salute dei vasi sanguigni del cervello, prevenendo i disturbi cognitivi. Per ottenere questi effetti, le cure si svolgono per 1-3 mesi all'anno, durante i quali si consumano 200 g di mirtilli freschi o 25 g di mirtilli essiccati al giorno.
- Degenerazione maculare - l'elevato contenuto di pigmenti e vitamine, in particolare di vitamina C, dei mirtilli li consiglia come ottimo mezzo di prevenzione di questa condizione degenerativa. Uno studio pubblicato sulla rivista americana "Archives of Ophthalmology" dimostra che le persone che consumano bacche blu-nere almeno 5 volte alla settimana hanno un rischio di

degenerazione maculare inferiore del 36% rispetto a chi consuma molto raramente o per niente questi frutti.

- Malattie tumorali - una sostanza contenuta nei mirtilli, chiamata acido ellagico, ha un forte effetto antiossidante, impedendo l'insorgere di mutazioni e malignità delle cellule del corpo umano. Le cure a base di mirtilli si svolgono in estate, durante le quali si consumano 300 grammi di frutta fresca al giorno, per almeno tre settimane.
- Cancro gastrico e intestinale - lo stesso acido, insieme ai pigmenti antociani e alla pectina di mirtillo, è un eccellente protettore del tratto digestivo contro le patologie tumorali maligne; tutte queste sostanze hanno effetti antimutageni e antitumorali. Durante la stagione, si consiglia una cura con mirtilli freschi, 200-300 grammi al giorno. Altrimenti, la macerazione viene consumata fredda, 2-3 bicchieri al giorno.
- Artrite reumatoide - i mirtilli sono straordinariamente ricchi di vitamina C, una vitamina considerata tra le più potenti nella prevenzione delle malattie reumatiche.
- Affaticamento degli occhi, diminuzione dell'acutezza visiva - si consuma polvere di mirtillo, 15-20 grammi al giorno, in cicli di almeno 6 settimane. Gli stessi pigmenti presenti nei mirtilli che migliorano la memoria aiutano anche a mantenere l'acutezza visiva, proteggendo gli occhi da una serie di altri disturbi come la cataratta o il glaucoma. Infine, la somministrazione di mirtilli aumenta l'acutezza della visione notturna, un'azione terapeutica verificata da studi condotti su piloti militari in Gran Bretagna.
- Aumento del colesterolo e dei trigliceridi - mezzo chilo di mirtilli consumati quotidianamente fornisce più del 50% del fabbisogno di fibre alimentari di cui l'organismo umano ha bisogno e che contribuiscono a ridurre il livello di colesterolo e trigliceridi nel sangue. Nelle persone che consumano mirtilli in dosi sufficienti per diverse settimane, il livello di colesterolo totale e di colesterolo negativo diminuisce in media di oltre il 10%.
- Coadiuvante contro le vene varicose e la fragilità capillare - le sostanze antiossidanti dei mirtilli bloccano la formazione di vene varicose ed emorroidi, migliorano la circolazione venosa e aiutano a guarire rapidamente le ecchimosi causate dalla fragilità capillare. Le cure si mantengono per almeno 4 settimane, durante le quali si consuma il macerato freddo di mirtilli, 3-4 bicchieri al giorno, consumati almeno 15 minuti prima dei pasti. Questo trattamento è anche un buon coadiuvante in caso di ulcere varicose.

1.2.Marmellata di mirtilli

1.2.1. Caratteristiche e principi tecnologici

I dolci sono frutti o parti morfologiche di piante, imbevuti di uno sciroppo di zucchero, utilizzando a questo scopo, di norma, mezzi termici.

In linea di principio, non vi è alcuna limitazione delle specie o delle parti morfologiche utilizzate della pianta, in casi particolari si utilizzano quelle, come ad esempio:

- La buccia (epicarpo), per marmellate di arance, limoni, ecc.
- Il mesocarpo, per la dolcezza dell'anguria, i semi, ecc.
- L'endocarpo, per la dolcezza di prugne, pesche, arance, ecc.
- Petali dell'infiorescenza, dolcezza della rosa, ecc.

Le materie prime, le più apprezzate per le marmellate, sono quelle il cui gusto, colore ma soprattutto l'aroma, sono pregnanti: fragole, ciliegie, lamponi, mirtilli, ecc.

La tecnologia delle confetture, essendo composta da diverse fasi, molto differenziate, spesso difficili da realizzare, richiede una buona preparazione professionale. Per ottenere un prodotto con risultati ottimali dal punto di vista qualitativo - tenendo conto anche dell'aspetto economico dell'operazione - nella lavorazione delle confetture è necessario stilare un bilancio delle materie prime e dei materiali.

Così, se ci proponiamo, ad esempio, di ottenere 100 kg di dolcezza a 68°ref. con un'aggiunta di zucchero limitata al 65%, la frutta deve intervenire, nella ricetta, con un apporto minimo di 3 kg di sostanza solubile. La quantità di frutta in questo caso può essere calcolata secondo la formula:

$$F = \frac{\text{Ax100}}{\text{Ef}} \qquad (1.1)$$

Dove:

F è la quantità di frutta (kg);

A - assunzione di sostanza solubile dal frutto;

Ef - sostanza solubile del frutto, determinata in °ref.

Numericamente, se ad esempio lavoriamo con fragole (F = 5° rif.) e prugne (F = 16° rif.), le quantità di frutta - secondo la formula sono:

$$F = \frac{3x100}{5} = \frac{300}{5} = 60\text{kg strawberries} \qquad (1.2)$$

$$F = \frac{3x100}{16} = \frac{300}{16} = 18.75\text{kg plums} \qquad (1.3)$$

fragole

prugne

Come si può notare, il consumo di frutta è molto differenziato. Nel caso delle fragole, si ottiene un consumo molto elevato di materia prima e il prodotto diventa denso e con tendenza a gelificare. Nel caso della confettura di prugne, non si raggiunge il rapporto frutta/sciroppo.

Sebbene sia corretta dal punto di vista del bilancio delle sostanze solubili, la formula ha solo un ruolo indicativo e non può essere applicata nella pratica.
Nella realizzazione di una ricetta, dobbiamo intervenire elasticamente nell'utilizzo delle proporzioni di zucchero e frutta; in questo senso possiamo considerare due linee di orientamento.

- Preparazione di una ricetta in cui prevedere l'introduzione di quantità fisse di frutta e zucchero, che ovviamente non superino i limiti dei consumi specifici anche in questo caso, ne risulteranno quantità variabili di dolcezza.
- Preparazione di una ricetta, tenendo conto anche dei consumi specifici ma per ottenere sempre la stessa quantità di prodotto, cioè quantità invariabili.

Per calcolare la quantità di prodotto finito, possiamo utilizzare la formula:

$$P = \frac{(F+Ef)+(100xZ)}{Ep} \qquad (1.4)$$

Dove:
P è la quantità di prodotto finito;
F - quantità di frutta;
Ef - la sostanza solubile del frutto, in gradi rifrattometrici;
Ep - la sostanza solubile nel prodotto finito, in gradi rifrattometrici;
Z - quantità di zucchero

Alternativa $F = \frac{(pxEp)-(Zx100)}{Ef}$; se folose^te il calcolo del fabbisogno di frutta;

Alternativa Z $Z = \frac{(pxEp)-(FxEf)}{100}$ viene utilizzata per calcolare lo zucchero necessario per la ricetta.

Le formule forniscono risultati esatti. In pratica, tuttavia, si osserva che si ottengono sempre quantità inferiori, sotto forma di perdite dello 0,3-1,5%. Le perdite sono intrinseche, dovute principalmente a: la pellicola di sciroppo che rimane sulle macchine, gli errori di lettura rifrattometrica, l'eccesso di sostanza solubile che deve essere assicurato affinché il prodotto non scenda sotto i limiti delle norme, ecc.
Attraverso le varianti delle formule citate, non si ottengono chiarimenti sul calcolo del numero necessario e ottimale di frutti, per garantire il rapporto minimo di frutti. Per la pratica produttiva, questo aspetto è di particolare importanza, essendo i criteri di valutazione molto diversi. Il risultato decisivo a questo proposito è il modo in cui procede l'operazione di bagnatura della frutta con lo sciroppo di zucchero. Nascono così i problemi:

- Se e di quanto la frutta riduce il volume;
- Come e in che misura aumenta il suo peso specifico?

L'impregnazione o l'impregnazione della materia prima con lo zucchero è essenzialmente un fenomeno complesso di diffusione e osmosi.

Da questo punto di vista, sono apparse numerose procedure di lavoro, tra le quali ne selezioniamo alcune:

• La concentrazione continua direttamente con lo zucchero. In questo caso, i frutti vengono introdotti nel dispositivo di concentrazione, sul quale viene aggiunto lo zucchero; il prodotto viene continuamente concentrato fino alla fase finale. Può essere applicata con successo a frutti che non rischiano di cadere a pezzi;

• Concentrazione continua nello sciroppo. Il metodo consiste nel mettere i frutti in uno sciroppo di zucchero, a 45-75 gradi, e nel farli bollire fino al punto finale. Si applica alla maggior parte delle varietà di frutta con polpa soda, sotto forma di cubetti, tagliatelle e a quelle con dimensioni ridotte, come i frutti di bosco;

• Concentrazione continua con diffusione preventiva nello zucchero. Questo metodo consiste nel mescolare i frutti con lo zucchero, o a strati alterni - l'ultimo è sempre lo zucchero - dopo un periodo di 4-24 ore, passando all'operazione di concentrazione. È una procedura molto diffusa, nella pratica produttiva con buoni risultati per la maggior parte delle specie di frutta;

• Concentrazione continua con diffusione preventiva in sciroppo di zucchero. È un metodo, con risultati di gran lunga superiori a quello con diffusione diretta nello zucchero, che gestisce la forma dei frutti a polpa morbida, evitando allo stesso tempo i casi di raggrinzimento di quelli a polpa soda.

• Le difficoltà create dalla manipolazione e dal dosaggio dello sciroppo sono pienamente ripagate dagli attributi di qualità che si ottengono per il prodotto finito,

• La concentrazione prosegue con la diffusione in sciroppo di zucchero, con i frutti, precedentemente portati a temperatura di ebollizione. Il processo consiste nel preparare uno sciroppo di circa 70r8 ef. in cui vengono introdotti i frutti, portando il contenuto a temperatura di ebollizione. La carica viene svuotata in vassoi o bacinelle dove avverrà l'omogeneizzazione che, a seconda della specie, deve durare da 1 a 12 ore. Il prodotto viene portato alla temperatura di ebollizione - le cellule del frutto vengono così devitalizzate - il che consente di accelerare il processo di diffusione, che è molto più difficile da ottenere nei frutti con cellule v;

• Concentrazione discontinua direttamente con zucchero o sciroppo di zucchero. Il processo consiste nel far bollire i frutti, con 2-3 pause di pochi minuti ciascuna, fino alla concentrazione finale. Il metodo dà buoni risultati ma presenta lo svantaggio di immobilizzare l'attrezzatura di lavoro per un tempo più lungo;

- Processo di concentrazione separata dello sciroppo risultante dalla diffusione per osmosi. Il metodo dà ottimi risultati ma richiede installazioni di lavoro speciali, altrimenti è necessario un grande consumo di manodopera;
- Metodo della variabilità della pressione. Il processo consiste nell'impregnare i frutti con sciroppo di zucchero, lavorando alternativamente sotto vuoto e pressione normale o pressione normale e sovrapressione, il che facilita il fenomeno della diffusionosmosi, con buoni risultati per la qualità del prodotto finito. È un procedimento meno accessibile alle condizioni generali di lavoro, perché blocca le attrezzature di lavoro - vuoto o autoclave - per lungo tempo.

Studio della letteratura

Nel febbraio 2012, Urska Vrkovsek e collaboratori hanno caratterizzato il profilo flavonoico di alcune varietà di mirtillo raccolte in diverse stagioni di crescita nell'articolo intitolato Identificazione e quantificazione dei glicosidi flavonolici in cultivar di mirtillo coltivate. L'analisi sperimentale è stata condotta utilizzando la cromatografia liquida a fase inversa accoppiata alla spettrometria di massa (LC\MS) per separare i flavonoidi. L'identificazione della cultivar di mirtillo nero in base al profilo dei flavonoidi è stata confermata anche dalla spettrometria di massa ad alta risoluzione e ad alta precisione. Sono state registrate differenze relativamente grandi tra le varietà di mirtillo. Il contenuto di flavonoidi glicosidici totali varia da 137 mg/kg nel caso della varietà dolce a 272 mg/kg per la varietà Simultan. La quercetina era predominante in tutte le varietà di mirtillo.

(59,4% 8,7%), mentre la composizione dei flavonoidi dipende dalla varietà (e varia tra il 16,3% e l'1,6%). I carboidrati coniugati più importanti valutati negli estratti di mirtillo erano rappresentati da galattosidi (tra il 35,8% e il 72,1%) e glucosidi (tra il 12,1% e il 27,1%).

Lo studio ha dimostrato che la percentuale di glicosidi nello zucchero dipende dalla varietà. La conclusione generale che emerge dal presente studio è che i mirtilli coltivati sono una delle fonti più importanti di glicosidi e flavonoidi negli alimenti. Possono fornire in media 196 mg/kg di una miscela complessa di 23 diversi glicosidi flavonolici.

Nel 2006, gli autori Alejandro David Rodarte Castrejon e i suoi collaboratori hanno studiato il profilo fenolico e la composizione chimica, rispettivamente l'attività antiossidante dei mirtilli neri nell'articolo intitolato Phenolic profile and antioxidant activity of highbush blueberry (Vaccinium corymbosum L.) during fruit maturation and matening. Studi sulla valutazione del contenuto

di polifenoli e la capacità antiossidante dei mirtilli maturi sono relativamente pochi. Nel presente studio è stato valutato il contenuto totale di composti fenolici di quattro varietà di frutti di mirtillo (Vaccinium corymbosum L.)

raccolti in cinque fasi di maturazione.

L'attività antiossidante è stata analizzata mediante spettrometria di risonanza elettronica in presenza di trolox (TEAC). L'impronta dei composti fenolici sviluppati durante il processo di cottura è stata determinata con il metodo HPLC-DAD. Gli antociani di tutte le varietà si sono sviluppati in fasi successive della raccolta; inoltre, i composti flavonoidi e l'acido idrossicinnamico sono stati trovati in quantità minori nei frutti verdi e acerbi rispetto ai frutti maturi (colore blu). L'attività antiossidante dei mirtilli, così come il contenuto fenolico totale, tende a diminuire durante la maturazione.

Nel 2005, gli autori R. Fugel e i collaboratori hanno studiato nel lavoro intitolato Quality and authenticity control of fruit purees, fruit preparations and jams-a review il problema del deterioramento degli alimenti in generale e della frutta in particolare. I produttori di prodotti alimentari a base di frutta come succhi, marmellate, gelatine, puree e preparati di frutta sono tentati di mescolare materie prime costose con materie prime economiche. Entrambi i tipi di alterazione sono difficili da individuare e portano a un deterioramento della qualità dei prodotti. Per tutelare i consumatori ed evitare la concorrenza sleale, è di fondamentale importanza garantire sia l'autenticità che la conformità alle specifiche del prodotto. Mentre gli approcci per l'individuazione di additivi fraudolenti nei succhi di frutta sono stati ampiamente esaminati, l'obiettivo di questo studio è quello di fornire una panoramica degli approcci proposti fino ad oggi per individuare e quantificare la contraffazione dei suddetti prodotti a base di frutta.

I.3. Tecnologia di ottenimento della confettura di mirtilli neri

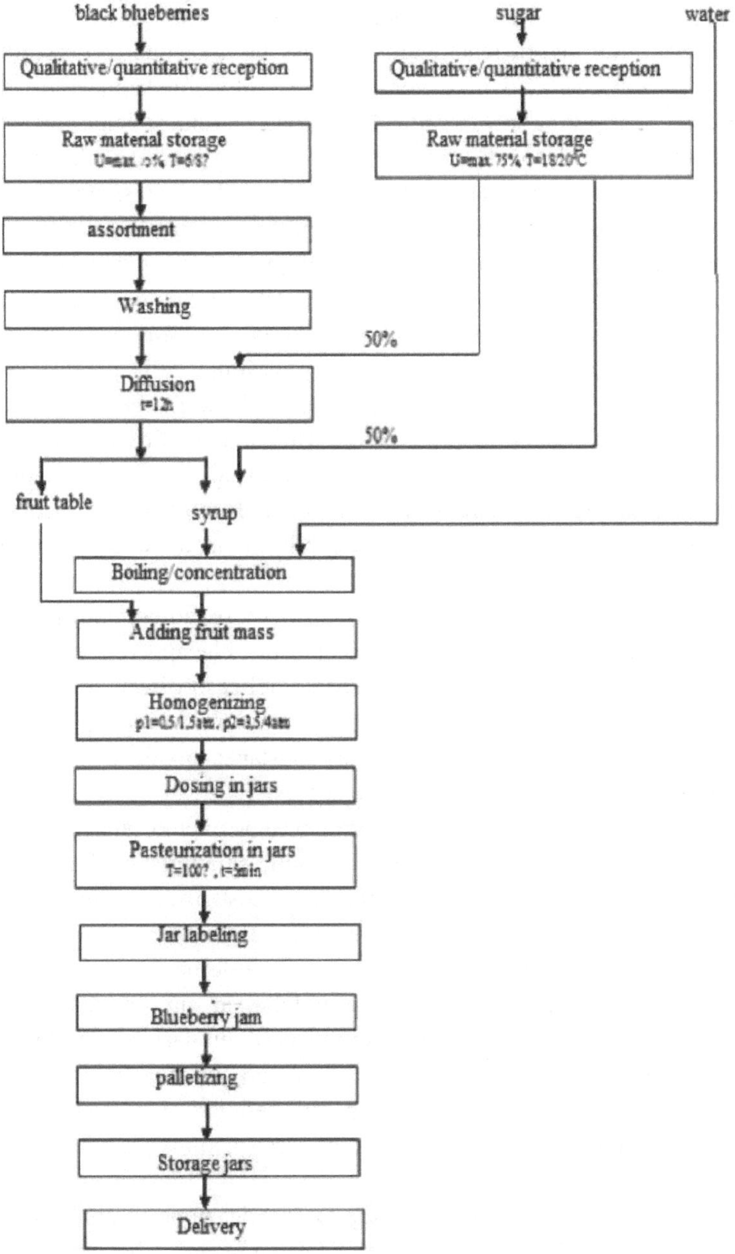

Fig. 1.1. Schema tecnologico per l'ottenimento della confettura di mirtilli

I.3.1. Processo tecnologico della confettura di more

I.3.1.1. Ottenere il prodotto finito

I procedimenti di lavorazione citati - come ho mostrato - perseguono in definitiva lo stesso obiettivo, ovvero unire i frutti con la maggior quantità possibile di sciroppo e preservarne la forma, basandosi sugli effetti della diffusione-osmosi. L'uso di energia termica nel processo di produzione contribuisce solo ad accelerare il fenomeno della diffusione-osmosi. Per comprendere meglio questi fenomeni, di importanza capitale nella lavorazione di marmellate, confetture, confit, affronteremo questo tema in dettaglio.

Il tessuto fruttifero, come è noto, è formato in particolare da cellule parenchimatiche, di forma arrotondata o poliedrica. Le loro dimensioni variano in media tra i limiti di 10-50 micron. In prossimità delle pareti cellulari è presente un rivestimento elastico (membrana cellulare) che comprende una sostanza complessa chiamata protoplansa. Qui si identificano il nucleo e le inclusioni che comprendono plastidi, granuli di amido, sali minerali, ecc. L'involucro cellulare è generalmente composto da cellulosa, emicellulosa e protopectine. Queste sostanze sono insolubili in acqua e conferiscono alla cellula una certa rigidità.

In alcuni casi, tali cellule contengono sostanze cerose, ad esempio nella buccia di mela, nella buccia di prugna, ecc. Il protoplasma, che appare come una massa gelatinosa e trasparente, occupa l'intero spazio nel caso di cellule giovani. Con la maturazione dei frutti, nel protoplasma compaiono vacuoli pieni di succo cellulare, cioè soluzioni acquose, con varie sostanze organiche che in ultima analisi conferiscono il loro valore nutrizionale.

Nella cellula vivente, lo strato di protoplasma vicino alla membrana è semipermeabile, il che si traduce, in pratica, nella caratteristica di permettere la circolazione dell'acqua resistendo al passaggio di sostanze disciolte in acqua. La cellula vivente resiste quindi all'equalizzazione delle concentrazioni, nel caso in cui questa situazione si verifichi per qualche causa esterna.

Di conseguenza, le cellule vegetali introdotte in un ambiente con una concentrazione inferiore a quella dei componenti cellulari ne consentiranno il passaggio, determinando un aumento di volume, un fenomeno noto come turgore. La pressione esercitata sulle pareti cellulari può superare la loro resistenza e quindi la cellula si rompe, causandone inevitabilmente la distruzione.

In pratica, questo fenomeno non riguarda la fabbricazione di prodotti in cui si utilizza lo zucchero. Tuttavia, è l'opposto del fenomeno della perdita d'acqua, chiamato plasmolisi, il cui effetto è di massima importanza per questo tipo di prodotti.

Nel caso, quindi, in cui la materia prima, i suoi tessuti, formati da cellule, si trovino in un ambiente con una concentrazione superiore al contenuto cellulare, la cellula cede gran parte dell'acqua. Il protoplasma si contrae, lo spazio tra le pareti cellulari e la membrana protoplasmatica si riempie di soluzione zuccherina.
Tuttavia, il tessuto vegetale è pieno di spazi intercellulari che formano dei veri e propri canali, nei quali, innanzitutto, si trova una grande quantità di gas come risultato dell'attività respiratoria.
Questi spazi intercellulari sono occupati anche dalla soluzione zuccherina, soprattutto se i gas sono stati rimossi da processi termici. Di conseguenza, nel caso di una cellula vivente, menzionato in precedenza, la membrana protoplasmatica permette il passaggio della sola acqua e, come tale, avremo un caso tipico del fenomeno dell'osmosi. Il passaggio dello zucchero, sotto forma di soluzione, negli spazi intercellulari dei tessuti appare come un fenomeno simile alla diffusione. La penetrazione dello zucchero sotto forma di soluzione attraverso le pareti cellulari nello spazio tra queste e la membrana protoplasmatica assomiglia al fenomeno della dialisi.
Qui, dunque, nel caso del gruppo di frutti conservati con l'aiuto dello zucchero, incontriamo insieme fenomeni: osmosi, dialisi e diffusione. Tuttavia, questi fenomeni sono regolati da una serie di leggi fisico-chimiche ben studiate, che utilizzeremo nei casi presenti.
Quindi, la diffusione è il fenomeno caratterizzato dalla compenetrazione di gas o liquidi che entrano in contatto, a condizione che abbiano una differenza di concentrazione. Attraverso il contatto di due soluzioni - con concentrazioni diverse - in cui una ha una sostanza disciolta, per esempio "la soluzione di zucchero" e nell'altra il divolvente puro "acqua", senza mescolarsi o agitarsi, esse pareggiano la loro concentrazione nell'intera massa. Tuttavia, la compenetrazione non è casuale, ma sono sempre le molecole pesanti, nel nostro caso la soluzione di zucchero, a muoversi, sconfiggendo anche l'azione gravitazionale. Questo fenomeno trova spiegazione nella teoria cinetica della formazione delle soluzioni.
Come è noto, le molecole dei liquidi in essi disciolti sono in continuo movimento. Si scontrano continuamente tra loro, cambiando continuamente direzione. Questo movimento delle molecole diventa sempre più lento man mano che la concentrazione si uniforma. Il fenomeno della diffusione dipende quindi dall'energia cinetica delle molecole. Quanto più alta è questa energia, tanto più intenso è il fenomeno della diffusione. Aumentando la temperatura, l'energia cinetica aumenta, la velocità delle molecole aumenta e con essa la velocità di diffusione. Più le molecole sono leggere, maggiore è la loro velocità,

essendo la velocità di diffusione inversamente proporzionale al quadrato del peso molecolare. Le sostanze con molecole grandi avranno difficoltà a diffondersi.
La forza che agisce nel processo di diffusione è la differenza di concentrazione delle due soluzioni, e in questo caso la quantità di sostanza che si muove in una direzione e nell'altra sarà maggiore. Il processo di diffusione è tanto più rapido quanto più sottili sono gli strati di liquido, e le distanze che le molecole devono percorrere sono più brevi. Le quantità di sostanze diffuse sono direttamente correlate alla durata del fenomeno. Più lunga è la diffusione, più sostanze passano da una direzione all'altra.
Se tra le soluzioni compare una membrana permeabile, il fenomeno è chiamato dialisi. La membrana ostacola il fenomeno della diffusione. Alcune membrane vegetali diventano selettive, cioè non permettono il passaggio di sostanze con molecole molto grandi. Se tra il solvente e la soluzione viene interposta una membrana semipermeabile, attraverso la quale passano solo le molecole del solvente, cioè solo in una direzione, il fenomeno è chiamato osmosi. Nel caso dell'osmosi, il solvente puro, in questo caso l'acqua, passa nella soluzione riducendone la concentrazione.
Va ricordato che durante la diffusione si muovono le molecole della soluzione, mentre durante l'osmosi si muovono le molecole del solvente, il che differenzia fondamentalmente il fenomeno dell'osmosi dalla diffusione.
Assimilando i fenomeni correlati ai processi tecnologici, si possono fare alcune osservazioni sulla loro applicazione nella pratica produttiva.
In questo caso, possiamo apprezzare che la produzione di sciroppi e gelatine si basa sul fenomeno della diffusione, della libera compenetrazione dello zucchero nel solvente, il succo di frutta.
Se le pareti cellulari sono state danneggiate da un precedente trattamento chimico o fisico, la penetrazione della soluzione zuccherina negli spazi cellulari si basa sul fenomeno della diffusione.
Nella cellula vivente, poiché la membrana protoplasmatica consente solo il passaggio dell'acqua, si tratta di un fenomeno di osmosi stretta. Se attraverso qualche fenomeno chimico o fisico riusciamo a devitalizzare le cellule, la membrana protoplasmatica, semipermeabile, diventa permeabile e permette la penetrazione dello zucchero in queste condizioni e allora si tratta di nuovo solo di un fenomeno di dialisi.
In condizioni di espressione più impegnative, quando si impregna di zucchero (il caso di marmellate, confetture, confetture), non è sufficiente citare solo il fenomeno della diffusione. Allo stesso modo, l'operazione di concentrazione della frutta con lo zucchero mediante bollitura non è un fenomeno di osmosi.

Nel linguaggio tecnico, tuttavia, per ragioni di rapidità espressiva, tali "deroghe" sono ammesse, con il termine diffusione, intendendo in senso lato gli scambi o l'azione di passaggio, compenetrazione delle soluzioni dalla composizione dei frutti e delle aggiunte sotto forma di zucchero, acido, pectina, ecc. Presentiamo una di queste, per evidenziare i fattori che influenzano i risultati:

$$Sd = \frac{KxSxZx(C-c)}{x} \qquad (1.5)$$

Dove:

Sd è la quantità di sostanze diffuse in g;

C - concentrazione della soluzione (disciolta), %

c - concentrazione del solvente, %.

S - la superficie attraverso la quale avviene il processo di diffusione, in ;

x - lo spessore dello strato attraverso il quale avviene la diffusione, in cm;

Z - durata della diffusione, in secondi;

K - il coefficiente di diffusione che riproduce la quantità di sostanze, in g, che passa in un secondo attraverso una superficie di 1 cm^2 , con uno spessore dello strato di 1 c e la differenza di concentrazione.

Questo coefficiente risulta dalla relazione:

$$K = \frac{RT}{N} x \frac{1}{6\eta r} \qquad (1.6)$$

Dove:

R è la costante dei gas

T - temperatura assoluta (gradi Kelvin)

N - Numero di Avogadro ($6{,}06x10^{23}$)

η – viscosità (kg /s/ cm $)^2$

r - il raggio delle particelle diffuse (in cm).

Quindi, la quantità di sostanza diffusa aumenta con l'aumento della temperatura e la diminuzione della viscosità, e la velocità del processo aumenta con la riduzione del raggio delle particelle diffuse.

Pertanto, i fenomeni di diffusione osmotica sono influenzati da numerosi fattori ed è necessario creare determinate condizioni ottimali, al fine di ottenere i massimi risultati. Mettendo in pratica le teorie sulla dialisi - diffusione osmotica, saremo in grado di orientare la fabbricazione dei prodotti in base all'imperativo delle principali esigenze. Per chiarire il comportamento dello zucchero in forma cristallina, dello sciroppo di zucchero freddo e caldo con la frutta, nella pratica della diffusione, sono state effettuate diverse prove. A tal fine, sono stati effettuati esperimenti con specie diverse, ponendo i frutti con lo zucchero, in vassoi di alluminio, in strati a temperatura ambiente nel caso delle fragole.

La temperatura gioca un ruolo positivo nella diffusione, perché aumenta la

velocità di movimento delle molecole e allo stesso tempo diminuisce la viscosità della soluzione zuccherina. Aumentando la temperatura di 1,
il valore del coefficiente di diffusione delle soluzioni acquose aumenta in media del 2,6%.
A causa delle alte concentrazioni delle soluzioni zuccherine, rispetto a quelle delle cellule del frutto, esse sopportano una notevole pressione osmotica. Questa pressione osmotica viene aumentata dall'azione termica. La forzatura dei fenomeni diffusivi porta alla deformazione delle cellule, con
effetti di deformazione dei frutti e di riduzione del loro volume. L'estremo del fenomeno si manifesta, in pratica, con il raggrinzimento dei frutti, un difetto irreversibile e dannoso dell'aspetto.
Questi frutti non sono molto attraenti, non sono sufficientemente impregnati di sciroppo, cioè hanno un basso peso specifico, sono duri e tendono a salire nello sciroppo nel contenitore. In queste condizioni, compare il cosiddetto "sciroppo in eccesso", che dobbiamo rimuovere per raggiungere il rapporto frutta/sciroppo.
Trattamenti preliminari quali: scottatura della frutta, uso di salamoia concentrata per canditi - concentrazione lenta (graduale), eliminano la possibilità di tali malfunzionamenti.
L'uso del glucosio - con una molecola più piccola del saccarosio - è anche un mezzo di prevenzione ma anche di accelerazione della velocità di diffusione.
Un obiettivo molto importante nella produzione di marmellate è il raggiungimento del rapporto frutta/sciroppo. Nella pratica produttiva, questo si ottiene introducendo, nella ricetta, quantità maggiori di frutta. Il processo è semplice ma non economico perché esclude la possibilità di ridurre il prezzo del prodotto finito. L'applicazione di una tecnologia razionale che consenta di mantenere, per quanto possibile, la forma della frutta, impregnandola di sciroppo e quindi aumentandone il peso specifico - attraverso l'apporto di zucchero - deve essere la preoccupazione fondamentale del produttore. Gli esperimenti condotti sulla confettura di fragole hanno portato alla conclusione che la proporzione frutta/sciroppo è inversamente proporzionale al volume del frutto.
Pertanto, per ottenere il rapporto frutta/sciroppo, la dimensione della frutta gioca un ruolo molto importante. Di conseguenza, più piccoli saranno i frutti, più finemente divisi (tagliati), più alta sarà la loro percentuale di peso. La spiegazione deriva dal fatto che, nei frutti più piccoli, la penetrazione della soluzione zuccherina è più facile. Questi riducono, in proporzione, meno il volume e, beneficiando dell'aumento del peso specifico, intervengono, con risultati molto superiori, a favore del peso del frutto.
Un altro fattore che influenza il rapporto frutta/sciroppo è la pellicola di

sciroppo di zucchero che aderisce alla superficie del frutto. Calcolando il peso della pellicola di sciroppo sulla superficie del frutto, si è scoperto che può essere di 0,010 - 0,018 g/, a seconda del grado di rugosità della superficie del frutto e naturalmente della concentrazione dello sciroppo. Per illustrare numericamente l'influenza della superficie del frutto, sull'aumento del rapporto frutta/sciroppo, consideriamo un assortimento di dolci, dove il taglio è a forma di cubo con il lato che varia da 4 a 0,25 cm - gli estremi dimensionali sono teorici - per evidenziare l'effetto. In questa situazione, possiamo avere diverse varianti, calcolate, per 1 kg di dolcezza:

- 465 g di frutta - inseriti - possono essere composti da 6 pezzi di cubetti (4x4x4 cm ciascuno), con una superficie totale di $576cm^2$ x 0,013g e influisce sulla pesatura - attraverso la pellicola di sciroppo - con 7 g (576cm2x0,013g);
- Nel caso di cubetti da 2 cm, per i 465 g di frutta saranno necessari - secondo lo stesso calcolo - pezzi (cubetti), la cui superficie totale è di 1152 cm2 e influisce sulla pesatura per 15 g (1176 x0,013);
- Per i cubetti con un lato di 1 cm, saranno necessari 384 cubetti, con una superficie totale di 2304 cm^2 . Questi influenzeranno la pesatura - attraverso la pellicola di sciroppo - di 30 g;
- Per i cubi con lato di 0,5 cm, saranno necessari 3072 cubi, con una superficie totale di 4608 cm2, e per 0,25 cm, 12288 cubi, con una superficie totale di 9216 cm2, che influenzeranno la pesata con 60 g, rispettivamente 120 g.

Da quanto detto sopra, si può chiaramente notare l'influenza decisiva che ha la superficie totale del frutto, sotto forma di numero di pezzi, nel raggiungimento di un migliore coefficiente del rapporto frutta/sciroppo, nella produzione di dulceturilot. Infatti, questo aspetto si può tradurre in un'economia di consumo specifico, che può essere di 90-260 kg di frutta per 1 tonnellata di dolcezza.
Nella preparazione delle marmellate, quindi, si dovrebbe propendere per la scelta di frutti di piccole dimensioni, non solo perché il fenomeno della diffusione si realizza in condizioni migliori, ma anche perché offrono una superficie maggiore, con un peso aggiuntivo, dello sciroppo, che aderisce.
Nella pratica produttiva, individuiamo l'effetto concreto di questi fattori correlati nelle confetture di frutta, sotto forma di pasta e soprattutto di marmellata di rose.
I risultati delle influenze positive o negative dei vari fattori devono essere completati sapendo, in pratica, quale quantità di frutta è necessario introdurre nella produzione della ricetta. Questo per ottenere, innanzitutto, il rapporto sciroppo/sciroppo richiesto dalla normativa, ma, allo stesso tempo, per non sprecare materia prima. A questo proposito, i consumi massimi specifici e standardizzati sono particolarmente ampi, all'interno delle unità produttive, con variazioni estreme e la letteratura specializzata e le ricette tecnologiche,

piuttosto contraddittorie. Un problema essenziale, che deve essere chiarito, in questo ordine di idee, è se i frutti, nel processo di preparazione della marmellata, diminuiscono o aumentano di peso. Nella pratica dei processi di lavorazione, è noto che, trattandosi di evaporazione dell'acqua - di solito a spese dei frutti - questi ultimi, intrinsecamente, diminuiranno di peso. Allo stesso tempo, però, i frutti vengono immersi nello sciroppo, che ha un peso specifico elevato e quindi il loro peso potrebbe aumentare.

La densità dello sciroppo compensa la perdita di acqua?

Per chiarire il problema, sono stati condotti esperimenti in condizioni tecnologiche ottimali, in particolare per quanto riguarda il tempo di diffusione prolungato, l'ebollizione lenta, ecc.

È vero che la tecnologia utilizzata negli esperimenti è vicina all'ideale, essendo durevole, e che in condizioni di produzione non possiamo pretendere di applicarla. Gli esperimenti sono stati condotti, ma per dimostrare che una tecnologia ben condotta è pienamente premiata, al fine di ridurre notevolmente il consumo di frutta, a cui si aggiunge l'effetto qualitativo del mantenimento della forma del frutto.

L'aumento di peso del frutto è condizionato principalmente da processi simultanei: la penetrazione dello zucchero nel frutto, da un lato, e l'eliminazione di una quantità di acqua, dall'altro. L'azione termica accelera entrambi i processi: l'acqua esce dal frutto e lo zucchero prende il posto dell'acqua. Quando si porta la temperatura a valori di 100, l'acqua presente nel frutto tende allo stadio di vapore, mentre queste manifestazioni non compaiono ancora nello sciroppo. Se l'ebollizione è lenta, il frutto si tende (si gonfia), ma se è molto rapida, la sua tensione porta alla rottura, perdendo la forma, senza aver avuto il tempo di compenetrarsi sufficientemente con lo zucchero. Dopo l'interruzione dell'ebollizione, il frutto è ben lontano dall'aver mantenuto il suo volume e la sua forma originari e ha un aspetto stracciato. Per questo motivo, l'ebollizione - la concentrazione di dolcezza non deve essere forzata, soprattutto nella prima fase - quando i frutti contengono la maggior quantità di acqua.

Un aspetto di grande valore pratico, che si può dedurre dallo studio di questa fase, è che l'ebollizione (concentrazione) della dolcezza deve tendere a essere fatta in modo che la perdita di acqua dal frutto, sotto forma di vapori, sia la più piccola possibile. Questo aspetto, espresso in altro modo, consisterebbe nel garantire che il rapporto tra la quantità di acqua sotto forma di vapori e lo zucchero che la sostituisce sia il più piccolo possibile. La concentrazione iniziale dello sciroppo ha una grande influenza su questo rapporto. Se la concentrazione dello sciroppo è troppo alta, soprattutto nella prima fase di ebollizione, il coefficiente di diffusione è relativamente più basso, a causa della

presenza stessa dei vapori, che tendono a uscire dal frutto e a incontrare la sua resistenza (dello sciroppo).
Tuttavia, non è possibile nemmeno seguire il principio delle basse concentrazioni di sciroppo, perché la velocità di diffusione rallenta, prolungandosi soprattutto a scapito degli aromi. L'aumento della velocità di penetrazione dello zucchero nel frutto è progressivo con l'aumento della temperatura, fino a non raggiungere i valori a cui avviene l'evaporazione dell'acqua. Se nella fase iniziale si utilizzano sciroppi ad alta concentrazione, l'ebollizione avverrà a temperature superiori a 100°C, cioè a 102-104°C. L'acqua dei frutti evaporerà molto intensamente senza che lo zucchero possa prenderne il posto e quindi si favorirà sicuramente il fenomeno della caduta, i frutti avranno almeno una riduzione del loro volume, con un aumento dell'effetto di consumo specifico (per quanto riguarda il raggiungimento del rapporto frutta-sciroppo).
Se, al raggiungimento del punto di ebollizione, l'azione termica cessa, si creano le condizioni per la condensazione del vapore - in via di formazione - che facilita, in modo particolarmente favorevole, la penetrazione dello zucchero. La realizzazione alternativa di questo principio - riscaldamento e raffreddamento - porta a uno dei processi più efficaci per la produzione di marmellate, ovvero il metodo dell'ebollizione intermittente.
È quindi del tutto errato suggerire di bollire le marmellate il più rapidamente possibile - in apparecchiature ad alta velocità di evaporazione - come indicato in molti lavori specializzati.
Il vuoto può avere un'influenza particolarmente positiva sul processo tecnologico, soprattutto all'inizio dell'operazione, eliminando i gas dalle specie intercellulari, facilitando così la penetrazione dello zucchero. Alternare l'uso del vuoto e la lavorazione a pressione atmosferica, inoltre, porta alla realizzazione di metodi efficaci per la realizzazione di marmellate, di qualità e con poco consumo di frutta.
La determinazione della quantità di frutta da inserire nella partita è un problema legato al metodo di lavoro adottato, ma anche alle caratteristiche della specie, della varietà, della dimensione del frutto, della percentuale di zucchero, ecc.
In una produzione razionale, la quantità di materia prima - introdotta nella ricetta - deve oscillare tra il 30-55% - ad eccezione della marmellata di rose - con il 9-11%.
La concentrazione in sostanza solubile - il grado rifrattometrico - del prodotto finito ha una notevole importanza nel raggiungimento del rapporto frutta/sciroppo.
Dimensione del lotto. Nell'ambito delle modalità di lavorazione, non possiamo trascurare la dimensione dei lotti, che non deve essere casuale. La dimensione

dei lotti, dal punto di vista della conservazione dell'integrità del frutto, dipende dalla specie, dalla consistenza della polpa, dal grado di divisione, ecc. ma soprattutto dall'altezza della massa. Per lotti di dolcezza identici - per dimensione - con uguale tempo di concentrazione, il numero di frutti che hanno mantenuto la loro forma è stato del 10-14% superiore, nel caso di concentrazione in una caldaia duplicata a fondo piatto rispetto a quella con fondo a coppa sferica.

Con la marmellata di petali di rosa, i lotti non possono avere limiti, in termini di dimensioni, a patto che si riesca ad eseguire il suo raffreddamento; la grande massa di marmellata immagazzina quantità massicce di calore - nel caso della marmellata che provoca, altrimenti, la caramellizzazione. Questo non è lo stesso modo di procedere con fragole, pesche, mirtilli, ecc. la cui consistenza è più debole. In un altro senso, ricordiamo che bisogna tenere conto anche del fatto che la materia prima non è passata attraverso la fase preliminare di deifusione.

Il tempo di concentrazione totale è un fattore attivo nella realizzazione del lotto, ma si raccomanda di non scendere sotto il livello di 20 minuti (ebollizione effettiva). Questo tempo sembra essere sufficiente per ottenere l'imbibizione, con sciroppo, di alcuni assortimenti di frutta e allo stesso tempo l'inversione del saccarosio. Considerando i risultati qualitativi, in modo ottimale, si può affermare che sono indicate tre dimensioni di lotto:

- Piccola, per frutti di consistenza debole e di dimensioni maggiori: fragole, pesche, more, lamponi, ecc;
- Medio, per frutti piccoli o polpa più soda: mirtilli, ribes, ecc.
- Grande, a condizione che il prodotto finito possa essere adeguatamente raffreddato, per i frutti, quando la loro integrità non presenta problemi, hanno una consistenza solida o sono suddivisi in forma di cubetti, tagliatelle, ecc, come: petali di rosa, noci verdi, uva spina, mele cotogne, pere, ecc.

Per questo tipo di materia prima, i dispositivi per il vuoto possono essere utilizzati alla capacità nominale.

Come utilizzare lo zucchero. Per la dolcezza, lo zucchero può essere utilizzato sotto forma di zucchero in polvere, introdotto sopra la frutta, con una fase di diffusione preventiva o direttamente nella macchina di trattamento termico, con o senza aggiunta di zucchero. Il metodo è rapido e applicabile nei casi in cui non è necessario adottare misure per mantenere la consistenza della materia prima, come nel caso della marmellata di rose, di mele cotogne (cubetti, fette), di scorze di limone, di arance. Il processo di utilizzo diretto dello zucchero può comportare il rischio di schiacciamento della frutta, come nel caso di noci, nocciole, fichi, ecc.

L'uso dello zucchero, sotto forma di sciroppo, deve essere il metodo preferito nella preparazione delle marmellate, perché agisce meno duramente sulla compattezza della polpa. La concentrazione dello sciroppo deve essere variabile, a seconda del carattere della specie, del grado di maturazione della materia prima, ecc. Così, per i frutti sottoposti a una fase di diffusione preliminare, si consiglia uno sciroppo di circa 75 Bx. Per iniziare l'operazione di concentrazione, si utilizzeranno sciroppi di circa 55 Bx, e se i frutti tendono a perdere la loro forma, la concentrazione dello sciroppo sarà ridotta a 45 Bx o addirittura a 40 Bx. All'interno della stessa specie, si utilizzeranno sciroppi meno concentrati quando i frutti sono maturi e leggermente più concentrati quando i frutti hanno raggiunto la fase di maturazione.

L'aggiunta dell'acido. Il prodotto finito, secondo la STAS, deve avere un'acidità dello 0,7%, calcolata in acido malico. In molte varietà di dolci, l'acidità è garantita dalla materia prima: ribes, uva spina, ecc. Per altre, la sua correzione è obbligatoria: pere, pesche, ma soprattutto noci, gogoni, fichi, ecc. Le quantità di acido non devono essere un modello, tenendo conto, nella ricetta, dell'apporto della frutta, da verificare (precisione) con mezzi di laboratorio.

Il ruolo dell'acido nella dolcezza è molto importante, perché in questo modo si assicura un pH favorevole di 3-3,4, che facilita l'inversione del saccarosio. Il grado di inversione del saccarosio deve essere del 50%, secondo alcuni autori è sufficiente anche il 35%, per evitare il fenomeno della saccarificazione.

Anche la temperatura e la durata della sua azione sono fattori importanti per ottenere l'inversione.

Per quanto riguarda il momento in cui introdurre l'acido, esistono diverse opinioni. In alcuni lavori specialistici si raccomanda di introdurre l'acido verso la fine dell'ebollizione. La scelta di questo momento non ci sembra giustificata. A differenza della marmellata - dove si potrebbe dimostrare l'intenzione di mantenere la pectina - in dolcezza, essendo l'aspetto gelatinoso dello sciroppo un difetto, l'aggiunta dell'acido deve essere fatta insieme allo zucchero. Con i frutti ricchi di pectina, l'aggiunta di acido fin dall'inizio diventa una necessità imperativa. Nel caso di confetture di frutta povere di pectina (pesche, ciliegie), quando le confetture sono prodotte con quantità di zucchero inferiori al limite del 66% - essendo la fluidità dello sciroppo maggiore - l'acido può essere aggiunto in un secondo momento. La quantità di acido introdotta sarà sempre sotto forma di soluzione, in concentrazione non superiore al 50%.

Bollitura - concentrazione. Per ottenere la dolcezza, il contenuto del lotto viene bollito per portarlo alla concentrazione stabilita dalla normativa. L'azienda dispone di una vasta gamma di impianti in cui è possibile eseguire l'operazione termica.

Le apparecchiature in rame - in via di estinzione - devono essere stagnate, altrimenti il contenuto di rame può compromettere il prodotto, in quanto lo stagno non ha sufficiente aderenza, il che presenta un grande inconveniente. Un altro difetto è quello della reazione con i pigmenti antociani di alcuni frutti: amarene, ciliegie, ecc.

L'elevata velocità di evaporazione, ottenuta con le macchine in rame - grazie all'alto coefficiente di conducibilità del calore - considerata un vantaggio per altri scopi produttivi, si rivela ancora una volta un inconveniente nella preparazione della marmellata, in questo caso è necessaria una bollitura lenta. Per questi motivi, gli apparecchi in rame sono controindicati per la bollitura delle marmellate.

La macchina in acciaio inox è molto adatta alla produzione di marmellate. Il materiale non reagisce con i composti della frutta e ha un coefficiente di conducibilità molto inferiore a quello del rame, garantendo un'ebollizione moderata. La gestione del processo di diffusione - durante l'ebollizione - è ottenuta anche in gran parte dal modo in cui viene utilizzata la pressione del vapore (nella doppia camicia).

Da questo punto di vista, si consiglia di utilizzare inizialmente una pressione di 0,5 - 1,5 a

fase di ebollizione e non solo nella fase finale la pressione di 3,5 - 4 at. Pressioni più elevate forzano il fenomeno della diffusione, con risultati sfavorevoli al mantenimento della forma e al raggiungimento del rapporto frutta/sciroppo. L'impastamento moderato della marmellata durante la bollitura contribuisce in qualche misura all'uniformità del prodotto, senza influenzare negativamente l'integrità della frutta. Determinazione della concentrazione finale. In passato, questa operazione richiedeva un'esperienza particolare, essendo l'apprezzamento fatto a livello sensoriale, relativamente alla consistenza della frutta e dello sciroppo. Nella fase attuale, la determinazione della concentrazione finale avviene con l'aiuto del rifrattometro. Sebbene sia molto veloce e comodo, il metodo rifrattometrico può dare errori, soprattutto quando l'ebollizione è avvenuta troppo rapidamente e in queste condizioni i frutti non sono sufficientemente impregnati di zucchero. Per questo motivo, il lotto viene pesato, un metodo che dà risultati particolarmente precisi, anche se scomodo nelle nostre condizioni di lavoro. Quando ci sono adattamenti in questo senso, pesare l'uso con il lotto è un metodo facile da applicare.

Il punto di ebollizione è un indizio prezioso per identificare la concentrazione finale, perché esiste una relazione molto precisa tra l'aumento della concentrazione e l'aumento della temperatura.

Rispetto alle temperature raggiunte con gli sciroppi di zucchero puri, ci sono alcune differenze, dovute alla presenza di acidi organici e sostanze pectiche

nella dolcezza.
La temperatura di ebollizione è naturalmente modificata dalla pressione atmosferica, che è leggermente variabile, ma, in pratica, questi valori non influenzano i risultati. La possibilità dell'uso combinato di due sistemi di controllo della concentrazione evita i rischi relativi ai risultati finali. La verifica in laboratorio deve sempre confermare le misure effettuate in condizioni di produzione.
In ogni caso, una marmellata di buona qualità è quella che ha una certa consistenza di sciroppo e questo si ottiene solo quando la concentrazione finale è di almeno 68 rif.
La schiumatura viene effettuata in due caldaie, appena terminata l'ebollizione e una seconda volta, prima di riempire i contenitori. La schiumatura è il risultato della presenza di sostanze pectiche e linoidi in qualche misura di origine proteica. La rimozione avviene raccogliendola dalla superficie del prodotto, utilizzando la schiuma. Ignorando l'operazione, la schiuma si mescolerà alla massa del prodotto, conferendogli un aspetto poco commerciale. La schiuma raccolta in recipienti puliti lascia uno sciroppo che può essere riutilizzato nei lotti successivi. La schiuma vera e propria, ad alto contenuto di zuccheri, sarà utilizzata per preparare gelati o, con risultati meno economici, per fare marmellate.
Dalla serie di compiti di lavoro generali, selezioniamo i seguenti:
> **Ricevimento qualitativo e quantitativo.** Il ricevimento viene effettuato in punti fissi all'ingresso dell'unità di lavorazione o nei punti di acquisto e comprende il controllo quantitativo e qualitativo della materia prima. Gli obiettivi perseguiti dal ricevimento qualitativo sono: grado di freschezza, condizioni igienico-sanitarie, consistenza dei frutti, grado di maturazione, aspetto esterno, forma, dimensione e colore; gusto e aroma, solidi solubili. Il controllo della qualità dei frutti viene effettuato attraverso l'esame organolettico e le analisi di laboratorio con l'ausilio di dispositivi di misurazione e controllo. Il grado di maturazione e freschezza dei frutti può essere determinato visivamente o controllando la compattezza della struttura, utilizzando il maturometro o il penetrometro. Lo stato di salute può essere determinato con metodi microbiologici rapidi per rilevare la carica microbica sulla superficie del frutto. Gli indicatori relativi a forma, dimensione, colore, sapore, aroma e sostanza solubile sono presi in considerazione quando si determina la destinazione dei frutti per la lavorazione sotto forma di composta, marmellata, confettura, ripieni, ecc.
> **Conservazione.** Lo stoccaggio temporaneo dei frutti fino all'introduzione nel processo di lavorazione deve essere il più breve possibile o, se possibile,

addirittura soppresso. I frutti vengono conservati in magazzini semplici, ben ventilati, freschi e asciutti o in magazzini refrigerati. Durante la conservazione, i frutti subiscono una serie di cambiamenti fisici, biochimici e microbiologici che dipendono dalla specie, dalla varietà, dalla qualità e dalla freschezza del frutto, dalla durata e dalla temperatura di conservazione, dall'umidità relativa dell'aria, dalla possibilità di circolazione dell'aria, ecc. Tra i cambiamenti fisici che si verificano durante la conservazione, particolare importanza riveste la perdita di acqua per evaporazione, che si traduce in una perdita di peso per disidratazione superficiale (restringimento), che conferisce ai frutti un aspetto inadeguato, con implicazioni indesiderate sui prodotti finiti.

I cambiamenti biochimici più comuni durante la conservazione della frutta sono: ammorbidimento dei tessuti della frutta come risultato dell'idrolisi enzimatica delle sostanze pectiche insolubili, perdita di zuccheri come risultato della loro trasformazione in anidride carbonica e acqua attraverso la respirazione, trasformazione degli zuccheri in amido, riduzione del contenuto di vitamine come risultato di processi redox.

Le trasformazioni biochimiche che si verificano nei frutti conservati in condizioni improprie sono: muffa, fermentazione (alcolica, butirrica, lattica). Entrambi i fenomeni portano a un sostanziale deterioramento della qualità dei frutti, rendendoli inadatti alla lavorazione industriale. Nel caso di utilizzo di questi frutti, le perdite dovute alle alterazioni microbiologiche (bombage) aumenteranno notevolmente. I principali fattori che determinano l'intensità delle trasformazioni microbiologiche sono: la temperatura e la durata della conservazione, la qualità e lo stadio di maturazione, le condizioni igienico-sanitarie degli imballaggi e dei magazzini.

> **Calibrazione**. Per le marmellate, la materia prima deve soddisfare le condizioni di lotti di dimensioni simili. Questo problema viene risolto utilizzando mezzi meccanizzati. A seconda delle caratteristiche della materia prima, la calibrazione può essere effettuata prima o dopo l'operazione di lavaggio.

> **Selezione**. La materia prima che entra nel processo tecnologico può presentare una serie di alterazioni della qualità, percepibili a prima vista o nascoste, sotto forma di colpi meccanici, macchie di enzimi, frutti deformati, vermi, ecc. Per questi motivi, la materia prima deve essere selezionata, eliminando le parti non idonee. La cernita - sorting, in linea di principio, è un'operazione che viene ripetuta tante volte quante sono le fasi di lavoro più importanti.

> **Lavaggio/Pulizia**. Dal punto di vista operativo, questa fase è molto complessa, in conseguenza delle profonde differenze tra le specie di frutta, nel senso che tornerà all'interno di ogni assortimento di dolcezza.

> **Diffusione**. Questa fase è di particolare importanza nel processo di produzione della marmellata, a cui è specifica. Nella tecnologia classica, questa fase è spesso chiamata
"omogeneizzazione". La diffusione, benché specifica delle marmellate, non appare come una fase separata nel caso di varietà di marmellata di rose, di frutti sotto forma di tagliatelle, di alcuni frutti di bosco.
> **Bollitura/concentrazione**. Con o senza diffusione preventiva, le sarjes di marmellata vengono fatte bollire in modo continuo o intermittente, fino all'evaporazione dell'acqua in eccesso. Come presentato in precedenza, l'operazione deve essere eseguita con moderazione, soprattutto all'inizio della fase. A differenza della marmellata, la confettura bolle lentamente.
Il raffreddamento. Il prodotto finito verrà svuotato in vasche con una capacità massima di 200 kg - per raffreddarsi - e contemporaneamente avverrà un'omogeneizzazione dei lotti. Il raffreddamento della marmellata prodotta in caldaie doppie - la cui temperatura è di almeno 103°C - sarebbe preferibile che avvenisse in vasche a doppio fondo, con circolazione d'acqua. Il raffreddamento appare una necessità anche per i seguenti motivi:
- Si evita la caramellizzazione;
- Si creano le condizioni per la continuazione del processo di diffusione, evitando così il sollevamento dei frutti in superficie;
- Il confezionamento avviene solitamente in contenitori di vetro, per evitare di romperli;
- La manipolazione della marmellata ad alta temperatura è più difficile.

Il raffreddamento, tuttavia, non deve essere esagerato e, in pratica, dovrebbe essere fino a circa 70. In caso contrario, la sua viscosità aumenta, rendendo difficili le operazioni di riempimento.
Il tipo di contenitori utilizzati per la marmellata ha le seguenti caratteristiche:
- BOE, per 72° rif = 450 g; 65° rif = 430 g;
- BOF, per 72° rif = 240 g; C 1 / 2 335 ml, per 72° rif = 453 g;
- **Dosaggio in vasetti**. Il dosaggio dei prodotti nei contenitori è di grande importanza sia dal punto di vista tecnologico sia per l'aspetto del prodotto finito. Nella marmellata, la parte solida deve essere distribuita uniformemente nella massa del liquido (sciroppo) per facilitare la trasmissione del calore durante la pastorizzazione e per ottenere un aspetto estetico adeguato dei prodotti finiti. Durante l'operazione di dosaggio, deve essere assicurata la rimozione dell'aria dai contenitori. La presenza di aria nei prodotti intensifica i processi di ossidazione e distruzione della vitamina C. Inoltre, l'aria nei contenitori, insieme ai vapori che si formano durante la pastorizzazione, aumenta la pressione interna di gran lunga superiore a quella dell'autoclave e i contenitori perdono la loro

tenuta, creando le condizioni per una reinfezione del prodotto durante la conservazione. Per eliminare l'aria, il prodotto viene dosato ad alte temperature in modo che il liquido espanso occupi l'intero volume del contenitore, e dopo il raffreddamento, contraendosi, si crea un vuoto di 250-300 mm cl.Hg nei contenitori. Il dosaggio dei prodotti viene effettuato utilizzando i seguenti tipi di impianti: dosatori per prodotti solidi, dosatori per prodotti liquidi, dosatori per prodotti viscosi.

Il dosaggio della parte solida nelle composte avviene su tavoli di riempimento rotanti per i piccoli frutti interi (ciliegie, amarene, uva spina, ecc.) o manualmente su nastri di riempimento.

> **Assortimenti di dolci**. Come ho già detto, non esiste una delimitazione degli assortimenti di dolci. Dal punto di vista commerciale, le varietà di marmellata sono le seguenti: mirtilli, uva spina, albicocche, albicocche verdi, fragole, ciliegie, ribes, fragole, mele cotogne, more, noci verdi, pere, pesche, prugne, uva, rose, ciliegie, lamponi.

> **Il dosaggio dei prodotti nei contenitori** è di grande importanza sia dal punto di vista tecnologico sia per l'aspetto del prodotto finito. Per la marmellata e la confettura, la parte solida deve essere distribuita uniformemente nella massa del liquido (sciroppo) per facilitare la trasmissione del calore durante la pastorizzazione e per ottenere l'aspetto estetico adeguato dei prodotti finiti. Durante l'operazione di dosaggio, deve essere assicurata la rimozione dell'aria dai contenitori. La presenza di aria nei prodotti intensifica i processi di ossidazione e distruzione della vitamina C. Inoltre, l'aria presente nei contenitori, insieme ai vapori che si formano durante la pastorizzazione, aumenta la pressione interna di gran lunga superiore a quella dell'autoclave e i contenitori perdono la loro tenuta, creando le condizioni per una reinfezione del prodotto durante la conservazione. Per eliminare l'aria, il prodotto viene dosato ad alte temperature in modo che il liquido espanso occupi l'intero volume del contenitore e, dopo il raffreddamento, per contrazione, si crea un vuoto di 250-300 mm cl.Hg nei contenitori. Il dosaggio dei prodotti viene effettuato utilizzando i seguenti tipi di impianti: dosatori per prodotti solidi, dosatori per prodotti liquidi, dosatori per prodotti viscosi. Il dosaggio delle parti solide delle composte viene effettuato su tavoli di riempimento rotanti per piccoli frutti interi (ciliegie, amarene, uva spina, ecc.) o manualmente su nastri di riempimento. Per il dosaggio dei liquidi di rivestimento si utilizzano dosatori a livello o volumetrici.

I dosatori per prodotti viscosi Rafoma funzionano secondo il principio del dosaggio volumetrico. Questo tipo di dosatore può essere utilizzato per marmellate, ripieni termostabili, marmellate e gelatine.

> **Pastorizzazione**. Chiudendo - incapsulando i contenitori, i vapori contenuti nello spazio tra la marmellata e il coperchio possono condensare. In questo modo, sulla superficie della marmellata si producono gocce d'acqua e si creano le condizioni per lo sviluppo di microrganismi. Soprattutto per questo motivo e per creare un certo vuoto, le marmellate vengono pastorizzate.
La pastorizzazione deve essere di breve durata perché non si riferisce al contenuto del contenitore, ma solo all'aria satura di vapori. Di conseguenza, sono sufficienti temperature di 100°C per 5-10 minuti, senza un periodo di preriscaldamento, raccomandato in molti lavori specializzati. È molto necessario raffreddare i contenitori; in questa occasione sarà possibile verificare la chiusura - di forma leggermente concava - a seguito della creazione di un vuoto di circa 500 mm Hg in colonna.
Per la pastorizzazione si possono utilizzare le normali autoclavi e, con i migliori risultati, i pastorizzatori a nastro. Una chiusura sotto un getto di vapore, come avviene normalmente nel caso di contenitori con coperchio a rotazione, può aiutare a evitare la pastorizzazione. Se non si lavora in condizioni igieniche corrette, il getto di vapore non è abbastanza caldo o la marmellata si raffredda. La procedura può riservare spiacevoli sorprese e quindi non si può rinunciare alla pastorizzazione, che dà risultati affidabili. Le marmellate, al di sotto dei 69° ref, saranno comunque pastorizzate. .
> **Condizionamento dei contenitori pieni**. Il condizionamento dei prodotti finiti comprende una serie di operazioni tecnologiche, attraverso le quali viene dato loro un aspetto commerciale adeguato. Le operazioni di condizionamento consistono in: scarico delle ceste, lavaggio e asciugatura dei contenitori, controllo dell'aspetto esterno, protezione della superficie esterna; pallettizzazione, etichettatura, imballaggio, pallettizzazione dei colli di trasporto. Lo scarico dei contenitori dai cestelli dell'autoclave non avviene più manualmente o meccanicamente.
I barattoli sterilizzati negli impianti continui passano direttamente all'asciugatura, perché il lavaggio viene effettuato nell'area finale degli sterilizzatori. I nuovi tipi di impianti continui per la sterilizzazione sono dotati anche di un'area di asciugatura. L'aspetto esterno viene controllato visivamente sui nastri trasportatori.
Le lattine confezionate in scatole sono protette sulla superficie esterna con un sottile strato di vaselina tecnica neutra. I barattoli vengono stoccati su pallet, isolati o pallettizzati in pellicola termoretraibile o in scatole di cartone. L'etichettatura dei contenitori lavati e asciugati può essere effettuata prima della pallettizzazione o al momento della consegna, utilizzando macchine adatte a scatole e barattoli. I contenitori sono imballati in casse di legno, scatole di

cartone o termoretraibili.

> **Conservazione.** La conservazione delle conserve di frutta avviene in magazzini puliti, asciutti e ben ventilati, al riparo dal gelo, a temperature massime di 20°C e umidità relativa dell'aria massima dell'80%. Temperature più elevate causano la degradazione del colore, del sapore, della consistenza e la riduzione del contenuto vitaminico. Le basse temperature rallentano i processi di degradazione, ma se i prodotti si congelano, la qualità si deteriora a causa di variazioni essenziali della consistenza. L'umidità dell'aria influenza soprattutto i processi di corrosione delle scatole.

> **Pallettizzazione**. I pallet con le lattine sono protetti da una pellicola di polietilene.

> **Consegna**. Gli alimenti in scatola vengono consegnati pallettizzati o in contenitori.

II. Tecnologie di produzione e metodi per ottenere prodotti a base di lampone

II.1. Caratteristiche generali delle varietà di lamponi

II.1.1. Composizione chimica e indici fisico-chimici dei lamponi

La coltivazione dei lamponi (Rubus ideaus L.) rappresenta un'eccellente fonte di attività agricola con serie possibilità di redditività. Le ricerche dimostrano che la maggior parte delle specie di lampone è originaria dell'Asia orientale, da dove si è poi diffusa in tutta la zona temperata, soprattutto nell'emisfero settentrionale (Europa, Asia, Nord America), dove si trova ancora oggi.

I lamponi appartengono alla famiglia delle Rosaceae. In tutto il mondo esistono oltre 3000 specie appartenenti al genere Rubus e al sottogenere Daeobatus, molte delle quali si trovano anche nel nostro Paese, la Moldavia, nella flora spontanea. Come nel caso delle fragole, si distinguono due tipi di lampone in base alla fruttificazione della varietà, ovvero:

- stagionale (frutti solo una volta all'anno);
- remontant (frutti più volte all'anno) [1].

La coltivazione di alberi da frutto è un settore in forte espansione che non richiede conoscenze specialistiche o investimenti costosi. Inoltre, le gratificazioni sono immediate e il profitto è su larga scala. Un passo importante nella creazione di una piantagione è la scelta della varietà di lampone che garantirà un raccolto di successo [2].

Cercheremo di caratterizzare brevemente alcune delle varietà più popolari coltivate nel nostro Paese:

- Varietà stagionali:

- **Lampone di Cayuga** - pianta vigorosa, con un'elevata capacità di radicamento, ha steli spessi, lunghi e dritti, spine piccole e sottili. I frutti hanno dimensioni variabili (1-4 g), sono sferici o sferico-oblunghi, con drupe uniformi di colore rosso carminio. Sono apprezzati per l'alimentazione e l'industrializzazione e vengono raccolti alla fine di giugno;

Fig. 2.1. Lampone di Cayuga

- Lampone Rubin - ottenuto in Bulgaria e abbastanza diffuso nel nostro Paese. La pianta è vigorosa, si drena moderatamente. I frutti sono grandi (3-6 g) e la polpa è mediamente succosa. È meno aromatico e la raccolta avviene a fine giugno-inizio luglio;

Fig. 2.2. Lampone Rubin

- Il lampone "di Prusia" ha una vigoria molto elevata e una buona capacità di dragaggio. I frutti sono grandi e anche molto grandi (2-5 g), conici, la polpa è agrodolce, leggermente aromatica. Si raccoglie anche a metà estate;

Fig. 2.3. Lampone "di Prussia

- Il lampone Mailling Promise è vigoroso, con steli alti 2,5 m, con un'ottima capacità di radicazione. I frutti sono molto grandi, di forma conica allungata, con la punta leggermente smussata, di colore rosso scuro. La maturazione del raccolto è precoce, all'inizio di luglio [1].

Fig. 2.4. Promessa di mailling

* Varietà remontanti:

- Il lampone "De Septembrie" è una pianta mediamente vigorosa, con un buon drenaggio e steli arcuati verso il terreno. I frutti sono di forma variabile, sferica, sfero-conica o cilindro-conica con rilievo irregolare. Il primo raccolto si ottiene all'inizio di luglio, il secondo a settembre-ottobre;

Fig. 2.5. Lampone "settembre"

- Il lampone Lloyd George ha una vigoria media con una relativa buona capacità di assorbimento. Gli steli annuali sono di colore marrone rossastro, con spine corte di colore rosso scuro. I frutti sono medi o grandi, conici, lunghi, con la punta leggermente smussata, di colore rosso scuro, ricoperti da un rivestimento viola. Si raccoglie anche a luglio e in autunno.

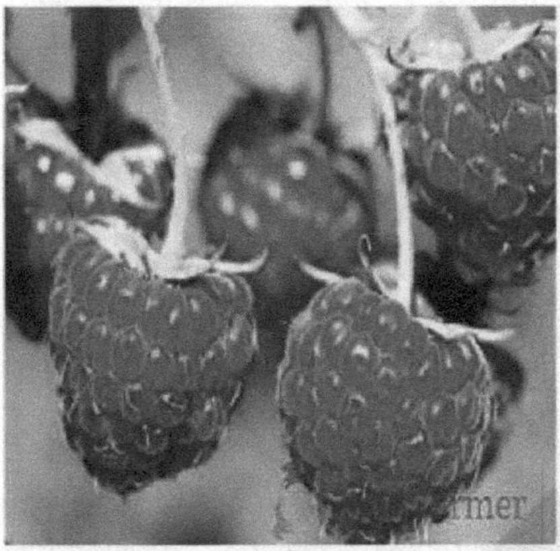

Fig. 2.6. Lampone Lloyd George

Entrambe le varietà presentano vantaggi e svantaggi: le varietà stagionali fruttificano per un mese ma in modo intenso, mentre le varietà remontanti fruttificano più volte ma hanno una produzione inferiore.

È importante sapere che esistono varietà di lamponi non solo rossi, ma anche

giallo-arancio o con sfumature viola e persino nere.
Ad esempio, la varietà Cytria ha grandi frutti gialli e aromatici che fruttificano abbondantemente in primavera a partire dal 15 giugno. Essendo una varietà remontante, fruttifica anche in autunno.

Fig. 2.7. Lampone Cytria

Meno conosciuto nel nostro Paese è il lampone nero. Ad esempio, la varietà chiamata Mac Black sembra avere un sapore più intenso rispetto alle varietà rosse tradizionali e un livello maggiore di antiossidanti. Inoltre, il lampone nero, soprannominato "re dei frutti di bosco", è più ricco di acido ellagico e antociani [1].

Fig. 2.8. Lampone Mac nero

I deliziosi lamponi hanno un basso contenuto di calorie e grassi. Tuttavia, sono una ricca fonte di fibre alimentari e antiossidanti. 100 g di frutti di bosco contengono solo 52 calorie, ma forniscono 6,5 g di fibre (il 16% della dose giornaliera raccomandata).
I lamponi presentano un livello significativamente elevato di sostanze fitochimiche: flavonoidi fenolici, come antociani, acido ellagico (tannino),

quercetina, acido gallico, cianidina, pelargonidina, catechine, kaempferolo e acido salicilico. Studi scientifici dimostrano che i composti antiossidanti di queste bacche svolgono un ruolo potenziale nella cura del cancro, contro l'invecchiamento (antiaging), l'infiammazione e le malattie neurodegenerative.
Lo xilitolo è un sostituto dello zucchero a basso contenuto calorico estratto dai lamponi. Un cucchiaino di xilitolo apporta solo 9,6 calorie rispetto alle 15 calorie dello zucchero. Lo xilitolo viene assorbito nel sangue più lentamente nell'intestino rispetto allo zucchero semplice e non contribuisce ad un elevato indice glicemico.
I lamponi freschi sono un'ottima fonte di vitamina C, che è anche un potente antiossidante naturale. 100 g di frutti di bosco ne forniscono 26,2 mg, ovvero circa il 33% della dose giornaliera raccomandata. Mangiare frutta ricca di vitamina C aiuta il corpo umano a sviluppare la resistenza agli agenti infettivi, a contrastare le infiammazioni e ad annientare i radicali liberi dannosi [3].
I lamponi contengono vitamine antiossidanti come la vitamina a e la vitamina E. Oltre agli antiossidanti sopra citati, sono ricchi di molte altre sostanze polifenoliche e flavonoidi antiossidanti come la luteina, la zeaxantina e il betacarotene, anche se in quantità relativamente ridotte. Nel complesso, questi composti agiscono come protettori contro i radicali liberi ottenuti dall'utilizzo dell'ossigeno e delle specie reattive dell'ossigeno (ROS) che svolgono un ruolo nell'invecchiamento e in vari processi patologici.
I lamponi hanno un valore ORaC (capacità di assorbimento dei radicali dell'ossigeno) di circa 4900 gm TE per 100 grammi, che li colloca tra i migliori frutti ORaC.
Contengono una buona quantità di minerali come potassio, manganese, rame, ferro e magnesio. Il potassio è un componente importante dei fluidi cellulari e corporei e aiuta a controllare la frequenza cardiaca e la pressione sanguigna. Il manganese è utilizzato dall'organismo come cofattore del potente enzima antiossidante superossido dismutasi. Il rame è essenziale per la produzione di globuli rossi.
Sono ricchi di vitamine del complesso B e di vitamina K. I lamponi contengono ottime quantità di vitamina B6, niacina (B3), riboflavina (B2) e acido folico. Queste vitamine aiutano l'organismo nel metabolismo di carboidrati, proteine e grassi [3].
I lamponi sono uno dei primi frutti preferiti dai consumatori con un particolare valore nutrizionale e sensoriale. Contengono un gran numero di sostanze nutritive e biologicamente attive. Negli ultimi anni è stato segnalato che questi frutti hanno un contenuto di antiossidanti maggiore rispetto ad altri frutti: acido L-idroascorbico, polifenoli, antociani, che mostrano la capacità di inattivare i

radicali liberi in vivo e in vitro [4-8].
Essendo molto deperibili, nelle fragole e nei lamponi, sotto l'azione degli enzimi perossidasi, avvengono cambiamenti nelle sostanze fenoliche (la loro ossidazione) in modo permanente, che contribuiscono alla comparsa di composti marroni e alla perdita di odore [6, 8, 9].
Il contenuto di antiossidanti e la loro capacità antiossidante dipendono da diversi fattori: condizioni climatiche, metodi di utilizzo e di coltivazione, stadio di maturazione e condizioni di conservazione [6, 8, 10, 11].
La composizione chimica dei lamponi è molto variabile (tabella 1.1). La più variabile è il contenuto di sostanze idrosolubili. È quindi ovvio che anche il contenuto di antiossidanti di questo frutto sia vario.

Tabella 2.1. Caratteristiche fisico-chimiche dei lamponi [6]

Prodotto	SU,%	pH	Acidità totale, %	Potenziale redox (E), mV	Contenuto di sostanze pectiche, %
Lampone	7.7-15.8	3.1-3.5	0.72-1.47	225-240	0.3-0.7

Oltre agli indici fisici e chimici, i lamponi contengono anche antiossidanti: acido L-idroascorbico, antociani e polifenoli totali. Il contenuto di antiossidanti nei lamponi è molto variabile. Per i lamponi, il coefficiente K è stato stimato a 2,2-5,31 (mg AA/g SU).

Tabella 2.2. Il contenuto di antiossidanti dei lamponi [6]

Prodotto	Contenuto di antiossidanti, mg/ 100 g di prodotto				
	Polifenoli totali	Totale antociani	L - acido idroascorbico	Valore riassuntivo degli antiossidanti	Stato redox, K, mg AA/ g SU
Lampone	205.1-330.5	21.6-45.9	28.5-52.7	255.2-429.1	2.2-5.31

I lamponi, avendo un elevato contenuto di acqua, hanno una bassa compattezza strutturale-testuale, tessuti delicati, buccia sottile, mostrano una debole resistenza agli urti e alle pressioni. Sono molto sensibili all'imbrunimento, che porta poi alla marcescenza. Essendo eccessivamente deperibili, perdono rapidamente la loro qualità e il loro valore nutrizionale (il contenuto di sostanze biologicamente attive diminuisce) a causa dei processi di biodegradazione, caratteristici della respirazione (processi biochimici di ossido-riduzione). Per mantenere la qualità delle sostanze biologicamente attive, si raccomanda di conservare le fragole a basse temperature. Il mantenimento della qualità della frutta fresca si ottiene riducendo l'intensità del processo di traspirazione, riducendo la temperatura e l'accesso all'ossigeno [6, 11, 12, 13].
L'intensità della respirazione del lampone è stata stimata fissando il contenuto di

CO_2 kg/h, a diverse temperature: 0, 5, 10, 15 e 20° C.

Tabella 2.3. L'intensità del processo di respirazione del lampone [6]

Prodotto	mg CO_2, kg/h la t, C°				
	0	5	10	15	20
Lampone	20.1-24.2	48.5-55.0	87.3-92.5	128.3-137.4	195-200.5

Più alta è la temperatura di conservazione, più alto è il contenuto di CO_2, quindi il processo di respirazione è più intenso. Pertanto, le condizioni di conservazione ottimali per i lamponi sono una temperatura di 2±1° C, un'umidità del 90-95% e una durata di conservazione di 2-3 giorni. La riduzione dell'accesso all'ossigeno ha permesso di aumentare il tempo di conservazione fino a 47 giorni, a seconda dello stadio di maturazione dei frutti.

Nella Tabella 2.4. sono presentati i dati relativi al contenuto di antiossidanti e all'indice K dello stato di ossido-riduzione dei lamponi in funzione del grado di maturazione. Il contenuto di polifenoli è maggiore nei frutti con un grado di maturazione tecnico, seguiti da quelli in fase di consumo, mentre il contenuto di antociani è opposto. Nei frutti troppo maturi, il contenuto di antiossidanti diminuisce, il che attesta uno stato riducente inferiore rispetto agli altri frutti a maturazione tecnica e al consumo [6].

Tabella 2.4. Caratteristiche dei lamponi a seconda del grado di maturazione [6]

Prodotto	Il grado di cottura	**Contenuto di antiossidanti,** mg/ 100 g di prodotto			**Stato redox, K, mg AA/ g SU**
		Polifenoli totali	**Totale antociani**	**Acido L-idroascorbico**	
Lampone	**Tecnologia**	298.0 ± 7.25	31.0 ± 0.47	33.6 ±0.61	4.60 ±0.20
	Per il consumo	283.3 ± 6.34	32.7 ± 0.51	40.1 ± 0.53	2.68 ±0.30
	surmaturazione	197.9 ± 5.85	28.9 ± 0.27	28.5 ±0.40	1.71 ±0.15

Le reazioni biochimiche di ossidazione delle sostanze fenoliche sono catalizzate da: fenolossidasi, perossidasi, catalasi; l'attività maggiore è manifestata dalle polifenolossidasi. L'ossidazione delle sostanze fenoliche avviene sotto l'azione dell'ossigeno e della temperatura, con una velocità piuttosto elevata. I prodotti ossidati sono composti di colore marrone.

Nei frutti schiacciati, l'ossidazione enzimatica degli antiossidanti procede a una velocità maggiore rispetto all'ossidazione non enzimatica, come confermato anche dall'improvvisa diminuzione del coefficiente K. Nei lamponi, la diminuzione del coefficiente K durante questo periodo è stata del 77,1% (il valore K si è ridotto da 3,5 a 0,8 AA/g SU) [6]. Nei lamponi, la diminuzione del coefficiente K durante questo periodo è stata del 77,1% (il valore K si è ridotto

da 3,5 a 0,8 AA /g SU) [6].
I lamponi sono eccessivamente deperibili, a causa del loro elevato contenuto di acqua; hanno una ridotta compattezza strutturale-testuale, tessuti delicati, buccia sottile e i frutti hanno una debole resistenza agli urti e alle pressioni. I frutti di questo gruppo, in particolare i lamponi, sono molto suscettibili all'imbrunimento, che porta poi alla marcescenza. Questi frutti hanno un'intensità respiratoria relativamente alta, i frutti maturano rapidamente. Sono molto sensibili alle alte temperature e alle pressioni che si verificano durante la raccolta, la manipolazione e la conservazione. Questi frutti, anche in condizioni ideali di movimentazione e trasporto, subiscono perdite se le operazioni durano più di 3 giorni. Ecco perché l'intero ciclo di recupero dal produttore al consumatore o all'industria non dovrebbe durare più di 3 giorni.
Per preservare con successo la qualità dei frutti durante l'utilizzo, si raccomanda di rispettare alcune condizioni: la raccolta e la manipolazione degli imballaggi vengono effettuate con cura e, contemporaneamente alla raccolta, viene effettuata anche la pre-selezione per non deprezzare i frutti; dopo la raccolta, si eviterà il più possibile la pre-selezione per non deprezzare i frutti; dopo la raccolta, si eviterà il più possibile di tenere i frutti sotto l'azione del sole, del vento, delle piogge: dopo la raccolta, i frutti saranno pre-raffreddati in mezzi di trasporto refrigerati; la conservazione di questo gruppo di frutti avviene a basse temperature (0°C) per un periodo molto breve di 2-3 giorni. I lamponi hanno un'elevata tolleranza ad alte concentrazioni di CO_2, ma solo a basse temperature possono sopportare concentrazioni fino al 20-25% di CO_2.
La maggior parte dei frutti di lampone viene utilizzata alla fine di giugno. I lamponi si distinguono per la ricchezza di levulosio, acido malico e ascorbico e per l'aroma e il sapore particolari. I frutti vengono utilizzati sia freschi che come materia prima nell'industria di trasformazione per la produzione di succhi, marmellate e confetture.
I lamponi hanno le seguenti proprietà: toniche, stomachiche, apiretiche, diuretiche, rinfrescanti, ecc. a. La raccolta avviene al mattino o al pomeriggio. Poiché i lamponi hanno un alto grado di deperibilità, vengono confezionati in cestini di plastica o in scatole di cartone della capacità di 0,25-0,50 kg, che vengono poi collocati in casse 1/1.
La conservazione temporanea può durare 2-3 giorni e avviene in condizioni di temperatura da -0,5 a 0°C e umidità relativa dell'aria dell'85-90%. I lamponi possono essere conservati per un massimo di 2-3 giorni [14].

II.1.2. Studio dei regolamenti tecnici e delle decisioni governative relative agli indici di qualità del lampone

Secondo la Decisione governativa n. 929 del 31.12.2009, relativa all'approvazione del Regolamento tecnico "Requisiti di qualità e commercializzazione dei prodotti ortofrutticoli freschi" [15], in tutte le categorie, tenendo conto delle disposizioni speciali previste per ciascuna categoria e delle tolleranze ammesse, i frutti di lampone devono:

J intero;

J sani (sono esclusi i prodotti affetti da marciume o che presentano alterazioni tali da renderli inadatti al consumo);

J pulito, praticamente senza sostanze estranee visibili;

J con un aspetto fresco, ma non lavato;

J nessuna malattia;

J nessun danno causato da malattie;

J nessuna umidità esterna anomala;

J nessun odore e/o sapore estraneo.

I lamponi o altri frutti della categoria indicata (fragole, faggio) devono essere raccolti con cura ed essere sufficientemente sviluppati e maturi. Lo sviluppo e le condizioni dei lamponi devono consentirli:

J per essere resistente al trasporto e alla manipolazione;

J per arrivare in condizioni soddisfacenti al luogo di destinazione [15].

I lamponi si dividono in quattro categorie, definite come segue:

1) Categoria "Extra" - le fragole di questa categoria devono essere di qualità superiore e caratteristiche della rispettiva varietà:

a) avere un aspetto sano, tenendo conto delle caratteristiche della varietà;

b) non presentare tracce di terra;

c) non presentare difetti, ad eccezione di piccolissime alterazioni superficiali a livello dell'epidermide, purché non pregiudichino l'aspetto generale del prodotto, la sua qualità, la conservazione e la presentazione nella confezione;

2) categoria I - le fragole di questa categoria devono essere di buona qualità e presentare il colore e la forma caratteristici della varietà. Tuttavia, sono ammessi i seguenti difetti, a condizione che non pregiudichino l'aspetto generale del prodotto, la qualità, la conservazione e la presentazione nella confezione:

a) leggero difetto di forma;

b) una piccola area bianca che non supera un decimo della superficie del frutto;

c) leggeri segni superficiali di pressatura;

d) devono essere praticamente privi di tracce di terra;

3) categoria II - fragole che non possono essere incluse nelle categorie

superiori, ma che corrispondono alle caratteristiche minime precedentemente definite. I lamponi possono presentare i seguenti difetti, purché conservino le caratteristiche essenziali di qualità, conservazione e presentazione:

a) difetti di forma;

b) un'area bianca la cui superficie non deve superare un quinto della superficie del frutto;

c) lievi contusioni secche che non hanno probabilità di svilupparsi;

d) leggere tracce di sporco;

4) categoria III - lamponi che non possono essere inclusi nelle categorie "Extra", I e II, ma che corrispondono alle caratteristiche minime precedentemente definite [15].

Secondo la norma GOST 33915-2016, Lamponi freschi, Condizioni tecniche, i lamponi devono essere conformi ai requisiti di questa norma, essere preparati e confezionati in contenitori per il consumo e/o il trasporto secondo le istruzioni tecnologiche, in conformità ai requisiti stabiliti dagli atti normativi dello Stato che ha adottato questa norma. La qualità organolettica dei lamponi deve essere conforme alle caratteristiche e alle norme specificate nella tabella 2.1. [16].

Il contenuto di elementi tossici, pesticidi, radionuclidi, uova di elminti e cisti di protozoi patogeni intestinali non deve superare le norme stabilite dagli atti normativi dello Stato che ha adottato questo standard, HG 520/2010 [11] e HG 221/2009 [17].

Tabella 2.5. Caratteristiche organolettiche dei lamponi secondo GOST 33915-2016 [16]

Indici di qualità	**Caratteristiche e norme per la categoria dei lamponi:**		
	superiore	prima	secondo
Aspetto esterno	I frutti sono freschi, maturi, che	e, pulite, sane, senza eccessiva umidità esterna.	
	I frutti sono tipici per forma e colore di una determinata varietà, nel caso del lampone selvatico - specie. Sono ammessi lievi difetti superficiali (lievi deviazioni dalla forma e dal colore), a condizione che non pregiudichino l'aspetto complessivo, la qualità, la conservazione e la presentazione del prodotto nella confezione.	I frutti sono tipici per forma e colore di una certa varietà, nel caso dei lamponi selvatici - specie. Sono ammesse perdite di succo e ammaccature di lieve entità, purché non pregiudichino l'aspetto generale, la qualità, la conservazione e la presentazione del prodotto nell'unità di	Sono consentite lievi perdite di succo e ammaccature, a condizione che il frutto mantenga le sue caratteristiche qualitative intrinseche, preservando la qualità e la presentazione.

		confezionamento.	
Maturità e condizioni	Pronto per il consumo, che permette di resistere al trasporto, al carico, allo scarico e alla consegna a destinazione		
Odore e gusto	Caratteristica della varietà (specie - nel caso dei lamponi selvatici), senza odore e (o) sapore estranei.		

Tabella 2.6. Caratteristiche fisico-chimiche dei lamponi secondo la norma GOST 33915-2016 [16].

Indici di qualità	**Caratteristiche e norme per la categoria dei lamponi:**		
	superiore	prima	secondo
La frazione di massa dei lamponi che non corrispondono a questa classe commerciale, ma a una classe inferiore, %, max. - compreso non corrisponde alla seconda categoria	**5.0*** Non è consentito	**10.0** **2.0**	10.0 10.0
La frazione di massa delle impurità di origine vegetale, %, max	Non è consentito **	**0.3**	**0.5**
La presenza di impurità minerali (sabbia, polvere, ecc.)	Non è consentito		
La presenza di frutta cotta al vapore, fermentata, ammuffita, marcia, secca con tracce di rimedi chimici	Non è consentito		
La presenza di parassiti agricoli e i prodotti della loro attività vitale	Non è consentito		

NOTA: * Compreso non più dello 0,5% di frutti selvatici di seconda qualità.
** Eccetto foglie e ramoscelli accidentali per i lamponi selvatici

II.2. Analisi dell'assortimento di prodotti a base di lampone

L'assortimento di prodotti a base di lamponi è piuttosto ampio, a partire da varie puree, magiuns, marmellate di lamponi fino ai prodotti di pasticceria, che comprendono anche la marmellata di lamponi.

Puree - prodotti ottenuti da frutta in purea, sigillati ermeticamente, conservati con metodo fisico [18].

Tabella 2.7. Caratteristiche organolettiche delle puree di lamponi [18]

Caratteristiche	**Condizioni di ammissibilità**
Aspetto e consistenza	Massa omogenea, uniformemente schiacciata di frutta o di sansa, senza particelle fibrose, code, semi, noccioli e bucce, di consistenza semifluida su una superficie orizzontale. Ammessi: gelificazione della massa e separazione del liquido, imbrunimento dello strato superiore; presenza di semi per le puree di lamponi.
Gusto e olfatto	Naturale, ben pronunciato, caratteristico dei lamponi da cui si ricava la

	purea. Non sono ammessi odori e sapori estranei
Colore	Caratteristica dei frutti dopo la lavorazione termica. La purea di lamponi può assumere una tonalità marrone.

Pasta di frutta naturale - prodotti ottenuti dalla concentrazione di puree di frutta ermeticamente sigillate, conservate con metodi fisici o chimici [18].

Tabella 2.8. Caratteristiche organolettiche per la pasta di frutta naturale [18]

Caratteristiche	**Condizioni di ammissibilità**
Aspetto e consistenza	Massa omogenea, uniformemente schiacciata, senza semi, noccioli, residui di buccia e altre particelle grossolane.
Gusto e olfatto	Piacevole, agrodolce, con un aroma di lampone ben pronunciato. Per le paste con un contenuto di sostanza secca superiore al 56%, è ammesso un leggero gusto di caramellizzazione.
Colore	Uniforme in tutta la massa, caratteristica dei lamponi dopo il trattamento termico o dell'impasto da cui è stata ricavata la pasta. È consentito un insignificante scurimento dello strato superficiale.
Coerenza	Untuoso

Frutta schiacciata o tritata con zucchero - prodotti ottenuti schiacciando o triturando frutta o diverse specie di frutta o mele con l'aggiunta di zucchero, chiusi ermeticamente, conservati con metodo fisico o chimico [18].

Tabella 2.9. Caratteristiche organolettiche per la purea di lamponi con zucchero [18]

Caratteristiche	**Condizioni di ammissibilità**
Aspetto e consistenza	Massa omogenea e uniformemente schiacciata di lamponi, senza particelle fibrose, code, semi, semi e buccia, con una consistenza fluida su una superficie orizzontale. È ammessa la presenza di singole particelle di semi e buccia, di inclusioni morbide e scure.
Gusto e olfatto	Odore agrodolce, gradevole, caratteristico dei frutti da cui si ricava il prodotto. Non sono ammessi odori e sapori estranei.
Colore	Caratteristica del lampone da cui si ricava. Per la purea di lamponi è ammessa una tonalità marrone.

Tabella 2.10. Caratteristiche organolettiche dei lamponi schiacciati con zucchero [18]

Caratteristiche	**Condizioni di ammissibilità**
Aspetto e consistenza	Massa sminuzzata di lamponi, senza resti di camera seminale, code, semi e noccioli, di consistenza fluida su una superficie orizzontale. È consentita la gelificazione della massa e una separazione insignificante dello sciroppo.
Gusto e olfatto	Odore agrodolce, gradevole, caratteristico del lampone da cui si ricava

		il prodotto. Non sono ammessi odori e sapori estranei.
Colore		Caratteristica del lampone da cui si ricava. Per la purea di lamponi è ammessa una tonalità marrone.

Salsa - prodotti ottenuti da frutta ridotta in purea o a pezzi con aggiunta di zucchero, sale, spezie, additivi alimentari, con o senza aggiunta di olio, senape, chiusi ermeticamente, conservati con metodi fisici o chimici [18].

Tabella 2.11. Caratteristiche organolettiche della salsa di lamponi [18]

Caratteristiche	**Condizioni di ammissibilità**
Aspetto e consistenza	Massa sotto forma di purea, omogenea, uniformemente schiacciata, senza semi, resti della camera seminale e della buccia, che si distribuisce su una superficie orizzontale. È ammessa: la presenza di spezie finemente tritate, pezzi di aglio di dimensioni comprese tra 1 e 2 mm; una stratificazione insignificante; un insignificante imbrunimento dello strato superiore; la presenza di singoli semi e frammenti di buccia, inclusioni scure.
Gusto e olfatto	Piacevole, piccante, con un aroma ben pronunciato di lamponi, aglio e spezie utilizzate. Per le salse a base di senape e con aggiunta di senape - forte, con la predominanza del gusto e dell'aroma specifico della senape.
Colore	Adatto per i lamponi dopo la lavorazione termica o per le miscele da cui sono state ricavate le salse. È ammessa la tonalità marrone.

Marmellata - miscela portata a consistenza gelatinosa o untuosa, ottenuta dalla polpa e/o dalla purea di una o più specie di frutta, zuccheri e acqua, conservata con metodi fisici o chimici [18].

Tabella 2.12. Caratteristiche organolettiche delle confetture di lamponi [18]

Caratteristiche	**Condizioni di ammissibilità per le marmellate delle seguenti qualità**			**legami**
	superiore	**più alto**	**prima**	**senza indicare la qualità**
Aspetto e consistenza	Massa gelificata di frutta intera o frantumata ma non sbucciata che non si diffonde o si diffonde in modo insignificante su un piano orizzontale. superficie	Massa untuosa di frutta intera o tagliata ma non sbucciata, che si estende in modo insignificante su una superficie orizzontale.	Massa untuosa di frutta intera o tritata o in purea, che si spande in modo insignificante su una superficie orizzontale.	Massa gelificata di frutta schiacciata o non matura, che si distribuisce in modo insignificante su una superficie orizzontale.
		Per marmellate a basso valore energetico - sono consentite struttura e consistenza morbide		
		La massa liquida su una superficie orizzontale è consentita per la		

		marmellata di lamponi		
Odore e gusto	Caratteristiche dei frutti da cui si ricava la marmellata. P o agrodolce. Non sono ammessi odori e sapori estranei			gusto facile, dolce
			Sono ammessi gusto e odore meno pronunciati , gusto leggermente percepibile di zucchero caramellato	
Colore	Omogeneo, corrispondente ai frutti da cui è stato ricavato il			Il lam è fatto
		Consentito per la marmellata di frutta di colore chiaro		
		tonalità marrone chiaro	tonalità marrone	
		frutti con polpa scura		
			tonalità marrone rossiccio	

Marmellata - prodotto di consistenza gelatinosa, ottenuto dalla bollitura di una o più specie di frutta o polpa intera o tagliata con zucchero, conservata con metodo fisico o chimico [18].

Tabella 2.13. Caratteristiche organolettiche delle confetture di lamponi [18]

Caratteristiche	**Condizioni di ammissibilità per la qualità**	**y marmellate**
	più alto	prima
Aspetto e coerenza	Massa gelificata con pezzi di frutta e mele distribuiti al suo interno. Semi-fluido per le marmellate di lamponi. Lo zuccheraggio non è un	o senza pelle, o intero o a pezzi, su una superficie liscia.
Odore e gusto	Ben pronunciato, caratteristico della frutta da cui si ricava la marmellata	Caratteristiche dei frutti da cui si ricava la marmellata
	Non sono ammessi odori e sapori estranei	
		È consentito un leggero sapore di caramellizzazione.
Colore	Omogeneo, corrispondente ai frutti da cui si ricava la marmellata. Per la confettura di frutta chiara è ammessa una tonalità marrone chiaro.	
		La tonalità rosso-marrone è consentita per la confettura di

		frutta a polpa scura.

Gelatina - miscela portata a consistenza gelatinosa, composta da succo e/o estratti acquosi di una o più specie di frutta e zuccheri, conservata con metodo fisico o chimico [18].

Tabella 2.14. Caratteristiche organolettiche della gelatina di lamponi [18]

Caratteristiche	Condizioni di ammissibilità per le gelatine di qualità			
	estremamente	**superiore**	**prima**	**senza indicare la qualità**
Aspetto esterno	Massa trasparente, con/senza particelle di buccia di agrumi in sospensione, senza bolle d'aria e schiuma	Massa trasparente, priva di particelle in sospensione, bolle d'aria e schiuma	Tavolo con un leggero disturbo. Sono ammesse bolle d'aria e schiuma	Massa trasparente, con/senza particelle di buccia di agrumi in sospensione, senza bolle d'aria e schiuma
Coerenza	Massa omogenea e gelificata che mantiene la sua forma su una superficie orizzontale (dopo il disimballaggio), con una chiara superficie di delimitazione al taglio con un coltello		Massa gelificata di consistenza più morbida, attaccata alle pareti della confezione	Massa omogenea e gelificata che mantiene la sua forma su una superficie orizzontale dopo lo srotolamento.
	Non è consentito lo zuccheraggio.			
Odore e gusto	Piacevole, ben pronunciato, caratteristico dei frutti da cui si ricava la gelatina. Non sono ammessi odori e sapori estranei		Piacevole, meno pronunciato, caratteristico dei frutti da cui si ricava la gelatina	
Colore	Omogeneità		Omogeneo, con una tonalità più scura in superficie	
		Consentito per le gelatine:		
		da frutta di colore chiaro - tonalità marrone chiaro	da frutti di colore chiaro - tonalità marrone; da frutti con polpa scura - tonalità marrone-rossastra	

Magiun - prodotto denso, di consistenza untuosa, gelificato o non gelificato, ottenuto dalla bollitura della purea di una o più specie di frutta o della loro miscela con zucchero, conservata con metodo fisico o chimico [18].

Tabella 2.15. Caratteristiche organolettiche della confettura di lamponi [18]

Caratteristiche	Condizioni di ammissibilità per la qualità	
	più alto	**prima**
Aspetto esterno	Massa omogenea schiacciata priva di semi, di case seminali, di noccioli e	

	di pezzi di buccia non schiacciata. È consentita: la presenza di nuclei duri nei magiun di pere, mele cotogne, ribes nero e nei magiun realizzati con l'utilizzo di puree dei frutti elencati; la presenza di singoli semi di mela nei magiun la cui composizione comprende puree di lampone	
Gusto e olfatto	Gusto agrodolce, odore caratteristico della purea da cui si ricava il magiun. Gusto e odore ben pronunciati. Non sono ammessi odori e sapori estranei	
		Sono consentiti il gusto e l'olfatto debole
Colore	Caratteristica del colore del mash o della miscela di mash da cui si ricava il magiun. È consentito:	
	- per la frutta chiara magiun	
	tonalità marrone chiaro	sfumature di marrone
	- per il magiun frutto scuro:	
		Tonalità marrone rossastro
Coerenza	Massa densa e untuosa. Per la frutta a nocciolo magiun - massa gelificata o non gelificata, untuosa, non fluida su una superficie orizzontale. Non è consentito lo zuccheraggio.	

Dolcezza - prodotto ottenuto da una o più specie di frutta intera o tagliata, bollita in sciroppo di zucchero, conservata con metodo fisico o chimico [18].

Tabella 2.16. Caratteristiche organolettiche della confettura di lamponi [18]

Caratteristiche	**Condizioni di ammissibilità per la qualità**		
	estremamente	**superiore**	**prima**
Aspetto esterno	Frutta o parti di frutta, di dimensioni uniformi, che hanno ' distribuito uniformemente in sciroppo di zucchero non gelificato. Sug in vasetti con marmellata di lamponi strato di sciroppo senza		mantenuti in forma, non raggrinziti, non è consentito l'arrotolamento. Frutti consentiti, in cm, max:
	1.5	**2.0**	**2.5**
	dagli altri tipi di materie prime		
	1.0	**1.5**	**2.0**
	Ammesso nelle confetture di frutta a nocciolo, frutta con buccia screpolata, %, max:		
	-	**10**	**25**
Odore e gusto	Profumo gradevole, ben pronunciato, caratteristico dei frutti da cui si ricava la confettura		Profumo gradevole, caratteristico dei frutti da cui si ricava la confettura
	Gusto dolce o agrodolce. Non sono ammessi odori e sapori estranei.		
Coerenza	Frutta ben cotta, ma non bollita, in sciroppo non gelificato. È consentita: la leggera gelificazione dello sciroppo nelle confetture di lamponi; nella confettura di lamponi - frutta bollita, %, max:		
	15	**20**	**35**
Culoare	Omogeneo, corrispondente al colore del frutto da cui si ricava la marmellata. Per la marmellata di noci - da giallo scuro a marrone scuro con		

	sfumature viola. Per la dolcezza dei petali di rosa - dal rosa chiaro al rosa scuro.	
		sono ammessi petali di colore marrone chiaro

Frutta candita - prodotto a base di frutta intera o tagliata, bollita in sciroppo di zucchero, parzialmente essiccata, cosparsa di zucchero o glassata in sciroppo di zucchero [18].

Tabella 2.17. Caratteristiche organolettiche dei lamponi canditi [18]

Caratteristiche	**Caratteristiche e condizioni di ammissibilità per la qualità**	
	superiore	**prima**
Aspetto esterno	Frutti interi o loro parti, omogenei per dimensione e forma nei limiti di ciascun tipo di frutta, cosparsi di zucchero o glassati, o sciroppati, non fusi.	
		I frutti sono ammessi: senza cospargere di zucchero e glassare; leggermente fusi, facilmente separabili; ciliegie raggrinzite, ciliegie, prugne, amarene e ribes nero per 100 frutti o mele, a pezzi, max. 15. 15.
	E' ammessa: la presenza di frutti con deviazioni dalle dimensioni indicate e di forma non omogenea, per 100 frutti o sanse, pezzi, max:	
	5.0	non è regolamentato
	in ciliegie stufate, ciliegie, prugne, ginestre snocciolate, frutta a nocciolo, pezzi in kg, max. 3.	
Il gusto	Dolce o agrodolce, caratteristico dei frutti utilizzati. Non sono ammessi gusti estranei.	
Colore	Simile al colore naturale del frutto da cui sono ricavati	
		È consentito un insignificante sbiancamento punteggiato, derivante dallo zuccheraggio dei frutti.
Coerenza	Duri, ma non aspri, senza grumi di zucchero cristallizzato, frutti cotti in modo omogeneo, facili da tagliare.	

Marmellata - miscela portata alla consistenza di un gel, composta da acqua, zuccheri e uno o più prodotti ottenuti dalla lavorazione degli agrumi: polpa, purea, succo, estratto acquoso e buccia, conservati con metodo fisico o chimico [18].

Tabella 2.18. Caratteristiche organolettiche della marmellata di lamponi [18]

Caratteristiche	**Condizioni di ammissibilità**
Aspetto e consistenza	Prodotto di consistenza gelificata, con inclusioni di nocciolo e buccia di agrumi. Per la marmellata-gelatina - consistenza gelificata, trasparente, con piccole quantità di scorze di agrumi sminuzzate.
Gusto e olfatto	Gusto gradevole, odore caratteristico dei frutti da cui si ricava la marmellata. Gusto e odore ben pronunciati. Non sono ammessi odori e sapori estranei

Colore	Caratteristica del colore della frutta da cui si ricava la marmellata.

Caramelle - prodotti ottenuti da zucchero semolato, sciroppo di glucosio, prodotti a base di cacao, arachidi, nocciole, prodotti lattiero-caseari, aromi e coloranti alimentari, altri ingredienti. Le caramelle possono essere glassate, non glassate o sagomate.

Caramella al cioccolato o pralina - prodotto delle dimensioni di un singolo boccone, che consiste in: cioccolato ripieno o un singolo tipo di cioccolato o una combinazione di diversi tipi di cioccolato e altri ingredienti, in modo che il cioccolato rappresenti almeno il 25% del peso totale del prodotto [19].

Tabella 2.19. Caratteristiche organolettiche delle caramelle al lampone [19]

Indicatore	Condizioni di ammissibilità
Gusto e olfatto	Caratteristiche del prodotto in questione, condizionate dagli ingredienti ammessi, secondo il documento normativo per il prodotto in questione, senza sapori e odori estranei.
Aspetto esterno	Corrispondente al documento normativo per il rispettivo prodotto. Le caramelle glassate devono essere ricoperte da uno strato uniforme o leggermente ondulato, senza agglomerati considerevoli sul fondo del prodotto. I corpi delle caramelle possono contenere: una singola massa di caramelle; due o più masse di caramelle (miste, stratificate). La superficie deve essere lucida per le caramelle glassate, ondulata - per le caramelle fatte di massa di cioccolato con o senza un motivo in rilievo. La superficie può essere ricoperta, completamente o parzialmente, da vari semilavorati. Sono ammesse superfici scoperte insignificanti sul fondo del prodotto. Le caramelle non glassate devono avere una superficie asciutta e non appiccicosa.
Forma	Diversi per prodotto. Per le caramelle prodotte per pressatura, con il successivo taglio dei filoni, è consentita l'irregolarità del taglio.

Caramelle - prodotti ottenuti da zucchero semolato, sciroppo di glucosio, con o senza aggiunte. Come additivi possono essere utilizzati prodotti lattiero-caseari, caffè, prodotti a base di semi di cacao, nocciole, olio di cocco, aromi e coloranti alimentari e altri ingredienti [19].

Tabella 2.20. Caratteristiche organolettiche dei caramelli al lampone [19]

Indicatore	Condizioni di ammissibilità
Gusto e odore	Specifico al nome di caramello, senza sapore e odore estranei. I caramelli con contenuto di grassi non devono avere un sapore di freddo o altri sapori sgradevoli. I ripieni di frutta e mela non devono avere un sapore di bruciato.
Colore	Specifica il nome del caramello. Colore omogeneo. A seconda del nome del caramello, è colorato in un unico colore o in più colori (bande, linee, ecc.).
Superficie	Asciutto, senza crepe e macchie, liscio o goffrato. Il caramello spolverato deve essere ricoperto da uno strato uniforme di zucchero granulato bianco o colorato, zucchero a velo, cacao in polvere, gherigli di noce tritati, draghetti

	colorati o altri spruzzi. Per i caramelli spruzzati in dispositivi ad azione continua, è consentita una frammentazione insignificante dei cristalli di zucchero. Le caramelle non incartate con la superficie trattata per la protezione non devono presentare grumi. I caramelli, modellati sulla macchina modellatrice, devono avere una superficie liscia o in rilievo. Non sono ammesse cuciture aperte e tracce di ripieno sulla superficie del caramello. Per i caramelli prodotti su macchine formatrici e confezionatrici, su macchine laminatrici, nonché per i caramelli con ripieno, che hanno la massa di caramello in strati, sono consentiti il disegno sfocato, le crepe insignificanti e i bordi rotti, e per i caramelli con ripieno - il guscio di caramello non è chiuso alla linea di taglio. I caramelli glassati devono avere una superficie ondulata o liscia. È consentita una trasparenza insignificante della parte inferiore del corpo all'interno del caramello e il danneggiamento della superficie durante la produzione di caramelle glassate.
Forma	Specifico per il rispettivo prodotto, senza deformazioni. Sono ammesse deformazioni insignificanti e tagli irregolari per le caramelle prodotte sulle macchine formatrici e confezionatrici.

Pastiglie dolci - prodotto dolciario, ottenuto da grassi, equivalenti del burro di cacao o sostituti del burro di cacao non laurici, zucchero, prodotti del cacao, con o senza altri ingredienti [19].

Tabella 2.21. Caratteristiche organolettiche delle tavolette di lampone dolce [19]

Indicatore	**Condizioni di ammissibilità**
Gusto e odore	Caratteristiche del prodotto in questione e condizionate dagli ingredienti menzionati nel documento normativo per il prodotto in questione, senza sapori e odori estranei.
Aspetto esterno	La superficie esterna è uniforme e opaca. Nelle compresse con notevoli aggiunte di arachidi intere, macinate grossolanamente, wafer sbriciolati, ecc. è consentita una superficie non uniforme. Sono ammessi prodotti con lacerazioni: massimo 4,0% - per le compresse con ripieno; massimo 2,0% - per le compresse con notevoli aggiunte. Per i prodotti non confezionati venduti sulla bilancia, sono ammesse rotture nella misura di 1/3 del prodotto, mentre le rotture di dimensioni inferiori non devono superare il 3,0%. Sono ammessi difetti insignificanti che non influiscono sull'aspetto esterno del prodotto: sbriciolamenti, bolle, graffi, pezzi rotti, penetrazione della fase liquida del ripieno sulla superficie.
Forma	Diversità
Coerenza	Solido

Tablet - un prodotto con un coperchio stampato, di piccole dimensioni e di varie forme [19].

Tabella 2.22. Caratteristiche organolettiche delle dragees al lampone [19]

Indicatore	Condizioni di ammissibilità
Gusto e odore	Corrispondente al documento normativo per il rispettivo prodotto, caratteristiche del rispettivo prodotto, senza sapori e odori estranei
Colore	Uniforme, ben pronunciato, senza macchie, diverso - secondo il documento normativo per il rispettivo prodotto
Aspetto esterno	Corrispondente al documento normativo per il rispettivo prodotto. Per i draghetti lucidi - superficie liscia e lucida. Per le dragees con nucleo di uvetta - superficie ruvida, lucida o opaca. Per i draghetti spolverati - la spolverata di zucchero semolato deve essere uniforme. Sono ammesse superfici scoperte insignificanti nella parte inferiore del prodotto. I prodotti glassati devono essere ricoperti da uno strato uniforme o leggermente ondulato, senza agglomerati considerevoli nella parte inferiore. I draghetti non smaltati devono avere una superficie asciutta. Sono ammesse piccole crepe sulla superficie dello smalto e sui prodotti non smaltati. Sono ammesse adesioni insignificanti dell'amido per la modellazione sulla superficie del nucleo dei draghetti.
Forma	Diverso. È consentita una forma irregolare per le draghette con nucleo di gelatina, gelatina di frutta, cereali, nucleo di noce.

Prodotto Lozenge - prodotto dolciario, ottenuto da purea di frutta e mela, zucchero, agente schiumogeno, con o senza aggiunta di agente gelificante [19].

Tabella 2.23. Caratteristiche organolettiche di un prodotto a base di pastiglie di lampone [19].

Indicatore	Condizioni di ammissibilità
Gusto e odore	Specifico per il rispettivo prodotto, senza sapori e odori estranei. L'odore di anidride solforosa, il sapore e l'odore pronunciati degli additivi alimentari utilizzati non sono ammessi.
Colore	Specifico per quel prodotto, uniforme. Per il prodotto realizzato a base di pectina, amido gelificante, alghe, è consentita una tonalità grigia.
Coerenza	Morbido, facile da strappare. Per quelli realizzati con pectina e additivi vari, si allunga un po'. Il prodotto a base di gelatina e amido gelificante si distende.
Forma	Vari, specifici per il rispettivo prodotto
Suprafafa	Specifico per quel prodotto. I prodotti smaltati devono essere ricoperti da uno strato uniforme di smalto, senza grumi. Sono ammesse superfici scoperte insignificanti. È ammessa una leggera trasparenza nella parte inferiore del prodotto.

Frutta secca - alimenti preparati a partire da frutti che conservano l'identità delle rispettive specie, presentati in forme definite, disidratati mediante processi naturali o artificiali, o combinandoli per rimuovere una parte maggiore del loro contenuto d'acqua, compresi i frutti essiccati naturalmente.

Frutta liofilizzata (essiccata per sublimazione) - alimento preparato a partire da frutta, che conserva l'identità delle rispettive specie, presentata intera, divisa, tagliata o frantumata, sottoposta al processo di "liofilizzazione (sublimazione)", in cui l'acqua cristallizzata viene rimossa dal prodotto congelato per sublimazione del ghiaccio.

Purea di frutta liofilizzata (disidratata per sublimazione) - alimento preparato a partire dalla polpa di frutta, frantumata con processi meccanici e disidratata per sublimazione, presentata sotto forma di polvere o di strati [8].

Tabella 2.24. Caratteristiche organolettiche per la purea di lamponi/ lamponi liofilizzati [8]

Il nome delle indicazioni	Condizioni di ammissibilità
Aspetto e forma	Frutti interi, divisi o tagliati: forma caratteristica dei frutti freschi, tenendo conto della loro forma di presentazione; purea: polvere friabile o strati di forma irregolare; miscela di frutta: pezzi di componenti unitari uniformemente dispersi in una miscela, che generalmente mantengono la forma.
Colore	Caratteristiche della frutta fresca con cui sono stati preparati i prodotti
Struttura	Fragilità
Gusto e olfatto	Caratteristiche della frutta fresca da cui sono stati preparati, senza sapori e odori estranei.
Aspetto, consistenza, sapore e odore dopo la reidratazione	Miscela di frutta: caratteristica di prodotti simili preparati con verdure fresche, senza sapore e odore estranei; purea: la massa omogenea caratteristica dell'omonima purea in scatola.

Dessert di frutta secca - alimenti preparati con polpa di frutta o frutta mescolata con ingredienti compatibili prima o dopo l'essiccazione, tritata e pressata in una forma definita, che può essere ricoperta da un sottile strato commestibile; i dessert possono essere sottoposti a un ulteriore trattamento termico per garantire la stabilità microbica del prodotto. Il fatto che i dessert contengano altre sostanze non influisce sulla denominazione specifica attribuita al prodotto, purché questo mantenga le proprietà essenziali della frutta secca; alcuni vegetali essiccati possono essere inclusi nei dessert di frutta [8].

Tabella 2.25. Caratteristiche organolettiche dei dessert al lampone essiccato [8]

Il nome delle indicazioni	Condizioni di ammissibilità
Aspetto e forma	Bricchette di forma rettangolare, ottenute dalla pressatura di frutta intera o tagliata a metà o a pezzetti, con o senza l'aggiunta di noci tritate. Le bricchette ricoperte da un rivestimento alimentare sono caratterizzate da una superficie lucida.
Colore	Caratteristica della frutta o della verdura secca da cui sono state preparate; nelle ricette con le noci - con introduzioni chiare di pezzi

	di noci
Gusto e olfatto	Piacevole, dolce o agrodolce, senza sapore e odore estraneo
Struttura	I dessert devono essere facili da masticare

II.3. Tecnologie di produzione e metodi per ottenere prodotti a base di lampone

Le conserve di questo gruppo sono ottenute da frutta o prodotti semilavorati (purea, succhi) bolliti con zucchero fino a una massa di sostanze secche del 62-83%. Lo zucchero conferisce determinate proprietà gustative e condizioni di conservazione osmotica.

L'assortimento di conserve comprende: marmellata, confettura, confettura, marmellata, gelatina. Grazie all'aumento del contenuto di pectina nella frutta o all'aggiunta di pectina, le conserve hanno una consistenza gelificata. La qualità dei prodotti gelificati dipende dalla quantità e dalla qualità della pectina. Più grandi sono le molecole di pectina, più gruppi metossilici contengono, migliori sono le proprietà gelificanti, più gelificato è il prodotto.

Diversi frutti contengono pectina con un grado di esterificazione maggiore, superiore a 50. La pectina con un basso grado di esterificazione (29-35) si ottiene per fermentazione acida o idrolisi basica della materia prima con un maggior contenuto di pectina. L'uso di pectina a basso grado di esterificazione nella produzione garantisce la riduzione del consumo di zucchero al 40-60%.

La gelatina, la marmellata e la confettura di qualità si ottengono solo quando il contenuto di pectina nella frutta è superiore all'1%, l'acidità totale è dell'1% e il pH = 3,2-3,4, la quantità di zucchero è del 65%. Le agaroidi, ottenute dalle alghe marine, sono utilizzate come materiale gelificante. I prodotti a base di agaroidi non richiedono zucchero e acidi. La concentrazione di agaroidi nel prodotto è dello 0,2-0,8% [14].

11.3.1. Tecnologia di produzione della gelatina di lamponi

Come materia prima si utilizzano succhi freschi, solfatati e concentrati e sciroppi. I succhi solfatati vengono riscaldati prima della produzione della gelatina per eliminare l'anidride solforosa.

Prima di iniziare la produzione della gelatina, viene effettuata una bollitura sperimentale per specificare la quantità di pectina e di acidi necessaria per la gelificazione. La gelatina viene bollita in macchine sottovuoto o in caldaie doppie. Si aggiungono succo chiarificato, zucchero e albumina (4 g per 100 kg per la chiarificazione), si fa bollire a 34-41 kPa di pressione, 70-80°C di temperatura per 30 minuti. Al termine dell'ebollizione, aggiungere acido citrico in soluzioni al 50%. La massa di sostanze secche per le gelatine pastorizzate è del 65%, per quelle non pastorizzate del 68%.

Se la gelatina viene realizzata con l'aggiunta di pectina, la soluzione di pectina viene preparata mescolando la pectina in polvere con lo zucchero in rapporto 1:5. Il composto ottenuto viene sciolto in acqua calda alla temperatura di 45°C in rapporto 1:20 e mantenuto 24 ore. Il composto ottenuto viene sciolto in acqua calda alla temperatura di 45°C in rapporto 1:20 e mantenuto per 24 ore. Dopo il rigonfiamento della pectina, la soluzione viene lasitrata e dosata nel succo, quindi viene concentrata al 67-68% per la gelatina pastorizzata e al 70-71% per quella non pastorizzata. Al termine dell'ebollizione, si aggiungono soluzioni al 50% di acido citrico [14].

I seguenti fattori influenzano la formazione della gelatina:

- contenuto di pectina non inferiore all'1%;
- contenuto di acidi organici non inferiore all'1%, pH = 3,2-3,4;
- contenuto zuccherino 35-66% a seconda del grado di esterificazione;
- il contenuto di ioni metallici bivalenti (Ca++, Mg++), il rapporto tra carboidrati, acidi e pectina;
- temperatura di ebollizione ottimale 70-80°C e pressione 34-41 kPa;
- tempo di gelificazione 48 ore [14].

La gelatina è caratterizzata dai processi di tissotropia e sineresi. Durante l'ebollizione, la formazione della gelatina avviene grazie all'azione intermolecolare della pectina. Mescolando la massa si distrugge questo legame tra le molecole e si distrugge anche la gelatina. L'interruzione del processo di impasto porta nuovamente alla formazione di gelatina. Il processo di distruzione meccanica e di formazione della gelatina dovuto all'azione intermolecolare della pectina è chiamato tissotropia.

La struttura della gelatina dovuta a prima della bollitura o durante la bollitura viene completamente ripristinata. La struttura della gelatina deformata dopo la bollitura non viene praticamente ripristinata. Durante la conservazione a lungo termine, la gelatina forma crepe sulla superficie, perle d'acqua, croste secche. Questi sono i primi sintomi della distruzione della gelatina. Il processo di distruzione della gelatina è chiamato sineresi ed è causato dai seguenti fattori:

- aumento della temperatura di conservazione;
- la presenza di vibrazioni meccaniche durante lo stoccaggio;
- il rigoroso mancato rispetto del rapporto pectina-zuccheri-acidi;
- aumento della temperatura durante la bollitura della gelatina;
- mancanza della quantità necessaria di ioni bivalenti [14].

La gelatina viene versata a una temperatura di 85-90°C in una piccola confezione fino a 500 ml e pastorizzata a una temperatura di 95°C per 10 minuti. Le confezioni con gelatina pastorizzata e non pastorizzata vengono tenute in posizione verticale per 48 ore per raffreddare e gelificare. Il prodotto finito si presenta come una massa trasparente e gelificata, con il gusto e l'aroma specifici

della materia prima. La massa di sostanze secche, l'acidità totale, il contenuto di zucchero e i metalli pesanti sono regolati nel prodotto.
Gli assortimenti di frutta in gelatina sono prodotti utilizzando pectina con un basso grado di esterificazione. Questa varietà contiene il 30-35% di zuccheri e viene sottoposta a pastorizzazione; viene versata a una temperatura di 70-75°C con conservanti chimici, che garantiscono una stabilità di conservazione a lungo termine [14].

11.3.2. Tecnologia di produzione Raspberry magiun

Magiun presenta una purea di frutta mescolata con zucchero, bollita fino a raggiungere una massa di sostanze secche del 62-69%, versata, sigillata e pastorizzata o sterilizzata.
La purea di frutta è prodotta secondo la tecnologia classica. In base al calcolo dei componenti, il rapporto zucchero/purea è di 1:1,25 per la magiun confezionata in barattoli e barili e di 1:1,8 per la magiun confezionata in scatole. La massa della sostanza secca (SU) della base della purea è dell'11%. Se la massa della sostanza secca è inferiore nella purea, la quantità di purea richiesta viene ricalcolata su SU = 11%. Se la massa di SU > 11%, il ricalcolo non viene più eseguito [14].
In macchine sottovuoto, dosare la purea e lo zucchero, mescolare intensamente. La massa ottenuta viene fatta bollire a una pressione di 21-8 kPa a una temperatura di 45-55°C finché la massa SU = 68%. Il liquore viene riscaldato a 100°C per distruggere i microrganismi, quindi raffreddato a 5060°C nel caso di confezionamento in barili o casse e a 70°C. Nel caso di confezionamento in barattoli di vetro o lattine.
Il raffreddamento avviene in una caldaia a vuoto. La magia confezionata in una piccola confezione ermetica viene sterilizzata a 100°C per 20-25 minuti.
Il confezionamento della magia nelle scatole di latta no. 14, 15 avviene per colata a caldo a una temperatura di 85-90°C. La magia può essere confezionata in sacchetti di plastica del peso di 10 kg.
Qualità. I seguenti indici di qualità sono regolamentati: massa di sostanze secche 66%, zucchero > 60%, acidità totale 0,2-1,0% (ricalcolata in acido malico), contenuto di metalli pesanti, contenuto di conservanti chimici - acido solforico - 0,07% , acido sorbico - 0,05% [14].

11.3.3. Tecnologia di produzione di marmellata e confettura di lamponi.

La confettura è caratterizzata da frutta uniforme in sciroppo di zucchero gelificato. Il contenuto di pectina viene determinato nei frutti destinati alla produzione di marmellata e confettura. Dalla materia prima si estraggono 5-10 cm^3 di succo a cui si aggiungono 30 cm di alcol al 96% o acetone. Se nel succo si formano grumi e fiocchi in tutto il volume, la materia prima è caratterizzata dal necessario contenuto di pectina; se si formano rari fiocchi nel volume, significa che il contenuto di pectina è basso e che è necessario aggiungere una soluzione di pectina durante la bollitura.

Per la preparazione della marmellata si possono utilizzare semilavorati a base di solfiti, frutta fresca e congelata. Le marmellate si ottengono da frutti snocciolati e da frutti con semi sbucciati senza baccello.

I frutti preparati per la produzione vengono dosati in dispositivi di ebollizione sotto vuoto, viene aggiunto il 10% di sciroppo di zucchero e vengono scottati a una temperatura di 100°C, a pressione atmosferica. La protopectina si trasforma in pectina solubile, il processo di gelificazione viene accelerato. Ai frutti scottati viene aggiunto zucchero secondo la ricetta o sciroppo di zucchero al 70-75% e la massa ottenuta viene sottoposta a bollitura sotto vuoto. Al termine dell'ebollizione, si aggiungono succo gelificato, soluzioni di pectina e acido citrico al 50%, a seconda delle necessità [14].

L'ebollizione viene interrotta quando SU raggiunge il 69% per la confettura sterilizzata e SU = 73% per la confettura pastorizzata. Durante la bollitura della marmellata, è possibile organizzare la cattura di sostanze aromatiche, che ritornano nel prodotto al termine del processo di bollitura - prima del versamento nella confezione. La marmellata viene versata a una temperatura di >70°C in confezioni di capacità inferiore a 1000 ml. Prima del versamento, alla confettura destinata al confezionamento in imballaggi polimerici viene aggiunto lo 0,05% di acido sorbico. La marmellata viene sterilizzata a 100°C.

La confettura presenta frutti in succo gelificato non omogeneo in termini di forma e dimensione. Durante la bollitura sottovuoto, alla confettura vengono aggiunti pectina in polvere o soluzione di pectina, zucchero e acido citico. La massa viene bollita finché la concentrazione di sostanze secche non raggiunge il 5758%. Nella confettura confezionata in polimeri, viene aggiunto lo 0,06% di acido sorbico in una soluzione al 10% preparata sulla base di sciroppo di zucchero con SU = 70% alla temperatura di 8085°C.

Qualità. La marmellata è di qualità superiore e di prima categoria. La massa di sostanze secche è regolata al 68% - marmellata sterilizzata, al 70% - marmellata pastorizzata, il corrispondente contenuto di carboidrati al 62 e 65%, l'acido citrico allo 0,05%, l'anidride solforosa (per la prima categoria di qualità) allo 0,01% e il contenuto di metalli pesanti [14].

11.3.4. Tecnologia di produzione della marmellata di lamponi.

La confettura presenta frutta in sciroppo di zucchero non gelificato con una massa di sostanza secca del 68-73%. Il rapporto frutta-sciroppo è 1:1.

Per la preparazione della marmellata vengono utilizzati frutti interi e tagliati a metà, noci verdi, melone, carote, pomodori verdi e, naturalmente, lamponi. Per la produzione si utilizzano zucchero, melassa, acidi organici alimentari, spezie - cannella, chiodi di garofano, vanillina.

Preparazione della materia prima. I frutti vengono lavati, selezionati, ispezionati e poi selezionati in base alla dimensione, al colore, allo stadio di maturazione. Un ruolo speciale nel processo di produzione della marmellata è svolto dal trattamento termico dei frutti prima della bollitura con vapore o acqua calda a 80-100°C con l'aggiunta dello 0,1% di acido citrico o tartarico. Durante la scottatura si verifica l'inattivazione delle proteine della membrana citoplasmatica, la formazione di pori artificiali, la rimozione dell'aria [16].

Bollire la marmellata. Poiché il rapporto frutta-sciroppo è 1:1, esiste sempre il problema dell'eccesso di sciroppo durante la bollitura. Per risolvere questo problema, è stata introdotta la nozione di coefficiente di forma, il volume, che rappresenta il rapporto tra il volume dei frutti dopo la bollitura V2, e il volume dei frutti prima della bollitura V1 - K = V2 : V1.

Se il coefficiente K = 1, tutto lo sciroppo verrà utilizzato per il confezionamento. Se il coefficiente K sarà inferiore di 0,1 - al momento del confezionamento si otterrà un surplus di sciroppo - 25%, se K = 0,2 - si otterrà un surplus di sciroppo del 50%. Il coefficiente di forma e il surplus di sciroppo sono determinati dai processi di diffusione e osmosi durante l'ebollizione [14].

La diffusione mostra la penetrazione dello zucchero dallo sciroppo nel frutto, mentre l'osmosi assicura la rimozione del succo cellulare dal tessuto durante l'ebollizione. L'ebollizione della marmellata è regolata in modo tale che il processo di diffusione prevalga su quello di osmosi, in modo che nel prodotto si accumuli più zucchero che succo rimosso dalle cellule. Queste condizioni possono essere soddisfatte aumentando la temperatura di ebollizione. Aumentando la temperatura, la viscosità diminuisce, lo sciroppo penetra più intensamente nella cella, la temperatura può essere aumentata fino alla temperatura di ebollizione. Alla temperatura di ebollizione, l'acqua si trasforma in vapore, la pressione nella cella aumenta notevolmente, prevale il processo di osmosi e il succo viene rimosso dalla cella.

Per mantenere il processo di diffusione predominante, l'ebollizione avviene in un'apparecchiatura sotto vuoto a regime oscillante. La temperatura del prodotto viene gradualmente aumentata a basse pressioni (nel vuoto). Lo zucchero entra nella cella. Alla temperatura massima, il riscaldamento del dispositivo viene interrotto, il prodotto si raffredda sotto l'azione della bassa pressione, si forma un vuoto nella cella, lo zucchero penetra più intensamente nella cella [14].

La diffusione dello zucchero può essere attivata con diversi metodi:

- mantenere i frutti prima della bollitura a bassa pressione;

- bollire la marmellata in modalità oscillante;
- mantenere i frutti per 3-4 ore in uno sciroppo di zucchero al 25-75% a una temperatura di 70-80°C;
- cospargere di zucchero semolato alcuni meli, fragole, lamponi.

Nella produzione, la marmellata può essere prodotta con i seguenti metodi: ebollizione a uno stadio, ebollizione a più stadi a pressione atmosferica e ebollizione a più stadi sotto vuoto.

Bollitura in un'unica fase a pressione atmosferica o sotto vuoto - i frutti sono impregnati di sciroppo di zucchero grazie alla sua diffusione durante la continua bollitura fino alla massa di sostanze secche finali.

Bollitura della marmellata in più fasi a pressione atmosferica. La frutta viene fatta bollire per 515 minuti, poi raffreddata gradualmente a temperatura ambiente, nuovamente riscaldata fino all'ebollizione, fatta bollire per 5-15 minuti, poi nuovamente raffreddata. Il ciclo di bollitura e raffreddamento viene ripetuto da 2 a 5 volte a seconda del tipo di frutta, verdura o mele.

Bollitura della marmellata in più fasi sotto vuoto. La frutta e lo sciroppo vengono dosati nella pentola sottovuoto. La temperatura e la pressione fluttuano. L'ebollizione avviene a pressione atmosferica o sotto vuoto a P = 75-85 kPa, il raffreddamento - in seguito a una diminuzione della pressione P = 21-48 kPa. Durante il raffreddamento, l'agente termico (vapore) viene staccato (il riscaldamento viene interrotto). Quando la pressione diminuisce, il processo di evaporazione si intensifica. Il prodotto si raffredda, si forma un vuoto nella cella e si attiva il processo di diffusione. Il numero di cicli di riscaldamento-raffreddamento è di 1-4 a seconda del tipo di prodotto. Lo zucchero si distribuisce uniformemente sia nel frutto che nello sciroppo [14].

Negli ultimi anni è stato sviluppato il metodo di bollitura della marmellata in dispositivi sottovuoto, sotto l'azione di oscillazioni sonore. Questi dispositivi assicurano la regolazione della temperatura del volume e intensificano il trasferimento di calore sotto l'azione di vibrazioni sonore periodiche, il volume del frutto cambia, lo zucchero penetra più intensamente nel frutto, la velocità di diffusione aumenta. Al termine dell'ebollizione, alla confettura viene aggiunta una soluzione al 50% di acido citrico per aumentare il contenuto di zucchero invertito (glucosio, fruttosio), che è caratterizzato da una solubilità molto più elevata rispetto al saccarosio ed evita la saccarificazione della confettura durante la conservazione a basse temperature positive. In alcuni casi, alla fine del processo di bollitura della marmellata viene aggiunta melassa di mais o di patate per aumentare la viscosità dello sciroppo. La marmellata viene confezionata in barattoli di vetro o scatole di latta, sterilizzata a 100°C e conservata a 1020°C e con un'umidità del 75%.

Qualità. La marmellata di categoria: extra, superiore e di prima qualità viene prodotta regolando: la massa di sostanze secche - nella marmellata sterilizzata - 68%, in quella non sterilizzata 70%; il contenuto di carboidrati rispettivamente 62 e 65%; il contenuto di metalli pesanti [14].

II.4. Analisi sensoriale dei frutti e dei prodotti a base di lampone

II.4.1. Tecnologie industriali per l'ottenimento della marmellata di lamponi

Le marmellate sono prodotte con materie prime a base di frutta e bacche, sostanze gelificanti e additivi, sono ben assorbite, hanno un gusto elevato e proprietà dietetiche.

A seconda del metodo di introduzione dei gelificanti nella tabella delle ricette, i prodotti di marmellata si dividono in marmellata di frutta, confettura di mele e gelatina. Nella marmellata di frutta e bacche, la pectina, contenuta nella purea di frutta e bacche (mela, prugna, ecc.), è un agente gelificante.

La marmellata di frutta e mele è semisolida. Quando viene tagliata con un coltello, si formano superfici di taglio lisce e antiaderenti e bordi affilati.

Il valore dello zucchero risiede nel suo effetto disidratante. Nella produzione di gelatine di frutta, la funzione tecnologica dello zucchero è completata dal suo valore gustativo. Le condizioni migliori per la formazione di gelatine di frutta sono considerate il contenuto di zucchero fino al 65%, pectina 1%, acido 1% e acqua 30-32% in soluzione. Questo rapporto di componenti può essere ottenuto con un rapporto 1:1 tra zucchero granulato e purea. Per aumentare la resistenza della marmellata di frutta alla cristallizzazione, una parte dello zucchero può essere sostituita con melassa [20].

Lo schema tecnologico per la produzione di marmellata di frutta e mele comprende: la preparazione di una miscela secondo la ricetta e la successiva bollitura per ottenere una massa di marmellata; la colata; la gelificazione; l'essiccazione e il raffreddamento della marmellata; il confezionamento e lo stoccaggio.

La purea di mele che va in produzione si distingue per la sua capacità di formare gelatina, pertanto viene realizzata una miscela di diversi lotti di purea. La purea da miscelare viene mescolata in miscelatori dotati di agitatori. La purea miscelata viene poi sottoposta a ripetuti filtraggi per eliminare le impurità.

La miscela della ricetta si ottiene mescolando in un mixer puree di frutta e mela, zucchero semolato, melassa e lattato o citrato di sodio (sali modificatori). Il dosaggio dei sali modificatori dipende dall'acidità della purea e ammonta allo 0,2-0,3% della massa della miscela della ricetta.

Una miscela di ricette con un contenuto di materia secca di circa il 55% viene bollita in modo continuo o discontinuo in una colonna di cottura a serpentina con un separatore di vapore fino a un contenuto di umidità del 3140%. L'uso di

modificatori di sale consente di bollire la massa di marmellata a un contenuto di umidità inferiore, il che significa che il processo di essiccazione della marmellata può essere abbreviato [21].
Con un metodo di produzione continuo, la massa di marmellata proveniente dalla vasca di ricezione viene immessa nel miscelatore sopra la testa di versamento. Qui vengono dosati anche aromi, acidi e coloranti. La massa di marmellata viene ben miscelata e inviata per il versamento a una macchina versatrice di marmellata o versata a mano. La colata della massa di marmellata viene effettuata versando un nastro di colata in stampi metallici. Sul fondo degli stampi sono presenti dei fori. La massa del prodotto, colato in una singola cella, è di circa 16 g.
Gli stampi con la massa di marmellata vengono raffreddati e posti in locali con una temperatura dell'aria di 20° C. Entro 4-6 minuti, la temperatura della marmellata scende e si raggiunge il punto di gelificazione. La durata della permanenza della gelatina di frutta negli stampi è di circa 3-40 minuti. La selezione della marmellata dagli stampi avviene meccanicamente con l'aiuto di vapore fornito dal basso nei fori degli stampi. L'aria, passando attraverso i fori, spinge la marmellata sul setaccio. La marmellata selezionata dalle forme viene inviata all'essiccazione, ovvero alla rimozione dell'umidità in eccesso dalla marmellata e alla formazione di piccoli cristalli di saccarosio sulla sua superficie. La marmellata viene essiccata in essiccatoi a camera, ad armadio o a tunnel a una temperatura di 55-70°C per 6-8 ore. Dopo l'essiccazione, la marmellata viene raffreddata a una temperatura di 30-20°C in magazzino o in appositi locali per 45-120 minuti. La marmellata finita e modellata viene inviata per il confezionamento in scatole [21].
La marmellata a strati è una massa densa composta da zucchero semolato, purea di frutta o di bacche (ribes nero, ecc.). La massa di marmellata per la marmellata a strati viene versata in tazze e scatole di materiali polimerici, scatole di cartone e compensato, scatole di cartone ondulato, nonché scatole di cartone dal design artistico. La massa di marmellata colata viene lasciata riposare durante il raffreddamento e, una volta completato il processo di gelificazione, viene inviata al confezionamento.
La marmellata di gelatina è preparata sulla base di speciali sostanze gelificanti - agar, agaroid, furcellaran, con l'aggiunta di zucchero semolato, melassa, acido e aromi. Nella ricetta sono inclusi anche frutti e bacche. In questo caso, la marmellata perde la sua trasparenza.
Lo zucchero granulato svolge il ruolo di riempitivo, strutturante e aggiunge dolcezza ai prodotti. La melassa viene utilizzata come anticristallizzante del saccarosio. L'acido nella marmellata, ricavato da agar, agaroid, furcellaran, ne

migliora il gusto.
La tipologia di marmellata di geleu si differenzia in linea di massima per il metodo di rotazione e per l'arredamento esterno. La produzione di marmellata in forma di gelatina per agar include: inmuierea, spalarea si umflarea (se necessario) a agarului; fierberea siropului de zahar-agar; pregatirea masei de marmelada; turnare si gelificare; prelevarea de probe din forme si presurarea cu zahar granulat; uscarea si racirea marmeladei; ambalare si depozitare [21].
In primo luogo, l'agar gonfio viene sciolto in una quantità d'acqua calcolata con precisione. Successivamente, nell'agar sciolto e riscaldato vengono introdotti zucchero granulato e infine melassa. La miscela contiene il 30-33% di umidità. Viene introdotta in un'apparecchiatura di cottura universale o sotto forma di vuoto sferico per l'ebollizione, oppure bollita continuamente in una griglia di cottura avvolta da un separatore di vapore a una pressione del vapore di riscaldamento di 0,3 MPa fino a un contenuto di umidità del 25-27%. La temperatura dello sciroppo finito è di 106-107oC.
Lo sciroppo finito del serbatoio viene pompato nella macchina di tempra, dove viene raffreddato a una temperatura di 60-55 °C. La massa raffreddata viene immessa nel miscelatore sopra la testa di colata dell'unità di formatura. Qui viene dosata anche un'emulsione di acido, essenza e colorante. La massa di marmellata viene ben miscelata e inviata per il versamento.
La formazione della marmellata di gelatina, come quella di frutta e di mele, avviene a mano o con macchine formatrici. La durata della gelificazione della marmellata su agar è molto più lunga (90-140 minuti) rispetto a quella su pectina, perché la temperatura all'inizio della gelificazione dell'agar è di 40°C.
Le condizioni ottimali per il processo di gelificazione, le temperature dell'agar sono di 10-15°C e l'umidità relativa del 60-65%. Al termine del processo di gelificazione, la marmellata viene rimossa dagli stampi, pressata con zucchero semolato, posta sul setaccio ed entra nella camera di essiccazione [21].
La marmellata viene essiccata per 6-8 ore a una temperatura dell'aria di 50-55°C e a un'umidità relativa del 20-40%. Il raffreddamento della marmellata secca nel laboratorio dura 3-5 ore, in un armadio di raffreddamento a una temperatura di 15-20°C per 40-60 minuti. Dopo il raffreddamento, la marmellata viene separata dallo zucchero in eccesso su un setaccio vibrante e riposta in scatole.
La produzione di marmellata di gelatina su agaroid è leggermente diversa in termini di tecnologia. Ciò è dovuto alle caratteristiche specifiche dell'agaroid. Il processo di gelificazione di una soluzione di agaroid con zucchero avviene a temperature elevate (circa 70°C).
La preparazione della massa per gli strati di gelatina è sostanzialmente la stessa descritta sopra. La massa per lo strato intermedio si ottiene mescolando lo

sciroppo di zucchero-agar con un contenuto di materia secca del 76-78% e una temperatura di 60-62°C con l'albume d'uovo. Nel processo di agitazione dello sciroppo vengono introdotti coloranti e aromi. La massa per ogni strato viene versata in vassoi. Il primo strato viene colato (gelatina) con un'altezza di 7-8 mm. Dopo il condizionamento e la strutturazione per 35-40 minuti, sullo strato di gelatina viene versato uno strato di massa battuta con uno spessore di 8 mm. Il terzo strato (gelatina) viene versato sul secondo dopo averlo strutturato [21].

Quando il processo di formazione della marmellata è completato in tutti gli strati, lo strato nella vaschetta viene posto su una superficie liscia e tagliato in prodotti separati con un disco per il taglio e coltelli ondulati per il taglio trasversale. La marmellata tagliata viene pressata con zucchero semolato, posta su un setaccio ed essiccata a una temperatura di 30-35°C per 10-12 ore.

Il processo di produzione della marmellata a tre strati nelle grandi aziende è meccanizzato. Le fette di marmellata di limoni e arance sono disponibili sotto forma di fette con una crosta come i frutti naturali, oltre a imitare il gusto e il colore di questi frutti.

La massa di gelatina per fette di arancia e limone viene preparata in modo tradizionale, ma con un contenuto di umidità inferiore rispetto alla massa di marmellata (24-25%). Il tavolo per le fette di arancia diventa arancione, quello per il limone giallo. L'acido citrico, l'olio di limone o di arancia vengono aggiunti alla massa di gelatina come additivi gustosi e aromatici. La massa per lo strato schiacciato della crosta viene preparata mescolando lo sciroppo di zucchero agar-sciroppo-zucchero (temperatura 65-67°C) con un agente schiumogeno per 10-15 minuti. Il contenuto di sostanza secca della massa frantumata è del 72-73%, la temperatura della massa è di 45-47° C [21].

La massa gelatinosa finita viene colata a mano con uno strato sottile o sulla testa di colata su un nastro trasportatore. Entro 10-11 minuti, il nastro trasportatore si sposta dalla prima testa di colata alla seconda, durante la quale avviene il processo di gelificazione dello strato di crosta di gelatina. La seconda testa di colata versa uno strato sottile di pastella (strato pastellato) sulla superficie dello strato di crosta gelatinosa. La durata della formazione gelatinosa dello strato battuto è di 12-14 minuti a una temperatura dell'aria di circa 30°C. Lo spessore di ogni strato (gelatina e pastella) è di circa 1 mm.

La crosta a due strati così ottenuta viene tagliata con coltelli circolari in strisce larghe 70 mm. Le strisce di crosta vengono alimentate allo scivolo di formatura e assumono la forma di uno scivolo continuo. Quindi la canalina viene versata sui bordi con una massa di gelatina. Gli stampi riempiti di massa in 10-12 minuti entrano nella camera di raffreddamento, dove in 25-30 minuti a una temperatura di 6-8°C avviene il processo di gelificazione.

Quindi le barrette con la crosta vengono trasferite sul nastro trasportatore inferiore, cosparse di zucchero semolato e disposte a faccia in giù. In questa posizione, vengono guidate verso la macchina da taglio. Le fette di limone e di arancia, tagliate e cosparse di zucchero semolato, vengono poste su un setaccio e inviate all'essiccatore per l'asciugatura, quindi riposte in scatole [21].

11.4.2. Assortimento di prodotti di marmellata

La marmellata è un prodotto dolciario a base di fogli gelificanti di frutta e bacche o di agenti gelificanti, zucchero o suoi sostituti e altri tipi di materie prime, con l'aggiunta di un anticristallizzante, additivi alimentari e/o sostanze aromatiche. Per la marmellata è caratteristica una struttura gelatinosa. La superficie della marmellata può essere smaltata o non smaltata.

A seconda del tipo di base gelatinosa, le marmellate si dividono in marmellate a base di purea di frutta e di vinacce gelatinose; marmellate - a base di gelatina; gelatine di frutta - a base di agenti gelificanti in combinazione con frutta da cui si formano gelatina, purea di frutta e vinacce.

A seconda del metodo di colata, si distinguono i seguenti tipi di marmellata: colata, colata versando la massa di marmellata in forme rigide o in celle stampate/stampate in un prodotto alimentare sfuso (zucchero granulato); in fogli, colata versando la massa di marmellata in contenitori di diversa capacità; scolpita, modellata versando una massa di marmellata, seguita da un taglio in singoli prodotti.

La marmellata di frutta è prodotta principalmente in forma non glassata, ma alcuni prodotti a base di gelatina sono completamente ricoperti di glassa di cioccolato. La marmellata glassata al cioccolato comprende la marmellata stampata "Berry in chocolate". Un tipo di marmellata di cioccolato è la marmellata di "fragole", "barrette di cioccolato" [21].

A seconda del metodo di modellazione, la marmellata-gelatina si divide in quattro tipi:

- marmellate in forme - sono prodotte in forme, colori e gusti diversi, cosparse di zucchero a velo o ricoperte da uno strato microcristallino;
- marmellata tagliata - a forma di fette di limone o arancia. Si ottiene nel seguente modo: la massa di marmellata viene versata in un contenitore semicilindrico in modo da ottenere una baguette; dopo averla tolta (liberata) dalla forma, si incolla sopra la baguette un sottile strato (un guscio) di marmellata, ottenuto da sciroppo-colla con albume d'uovo. Lo sciroppo di colla si ottiene da zucchero, melassa di amido e pectina o da zucchero, melassa di amido e agar. Le baguette così preparate vengono pressate con zucchero a velo e tagliate a fette. Le fette sono di colore giallo o arancione;
- marmellata a strati - si ottiene dopo aver modellato i 3 strati, di cui: lo strato

inferiore e quello superiore - sono costituiti da massa di marmellata, e lo strato centrale - da massa di pasta. Dopo la maturazione e l'essiccazione, la marmellata ottenuta viene tolta dagli stampi e tagliata a cubetti, rettangoli o rombi. La superficie viene pressata con zucchero a velo. Può essere liscia o ondulata. La marmellata viene prodotta anche con due o tre strati di colori diversi;

- marmellata figurata (figurativa) - ottenuta sotto forma di diverse figure sferiche: frutta, mele, funghi, animali, ecc. [22].

Gli indici di qualità sono stabiliti nei rispettivi atti normativi. Dagli indicatori organolettici:

- la forma deve essere specifica per il prodotto dato, con il disegno e i contorni chiari, senza deformazioni e rigonfiamenti;
- la superficie della marmellata deve essere asciutta e non appiccicosa. La superficie della marmellata-gelatina e della marmellata di frutta tipo torta deve essere uniformemente cosparsa di zucchero a velo fine e senza segni di scioglimento dello zucchero. La marmellata di frutta deve avere una superficie elastica, lucida o leggermente opaca con una buccia microcristallina. La glassa al cioccolato deve avere una superficie liscia o ondulata, senza crepe e protuberanze;
- la consistenza della marmellata deve essere gelatinizzata, densa e facile da tagliare con un coltello;
- l'aspetto in sezione deve essere pulito e uniforme. Può essere vitreo e trasparente (per la marmellata ottenuta a base di agar) o semitrasparente e opaco (per la marmellata ottenuta a base di pectina o agaroide);
- il colore deve essere uniforme, specifico per il tipo di marmellata;
- il gusto e l'odore devono essere ben pronunciati, specifici per il tipo di marmellata e senza sfumature estranee [22].

Dagli indicatori fisico-chimici e chimici:

- l'umidità della marmellata è strettamente limitata negli atti normativi, perché l'aumento dell'umidità favorisce l'alterazione dei prodotti. L'umidità è diversa, a seconda del tipo e del tipo di marmellata, costituendo il 9 - 33%, cioè:
  - marmellata di frutta e mele 20 - 24%;
  - marmellata tritata 18 - 22%;
  - marmellata monolitica 29 - 33%;
  - torte alla marmellata 9 - 15%;
  - marmellata-gelatina 15 - 23%;

* Il contenuto di sostanze riducenti nella composizione dei prodotti dolciari a base di frutta e mele è un importante indicatore della loro qualità, perché impedisce lo zuccheraggio. Allo stesso tempo, una quantità eccessiva di sostanze riducenti favorisce la bagnatura della superficie della marmellata. Il

contenuto di sostanze riducenti nella marmellata varia a seconda del tipo e del tipo di prodotto (20-40%):

- marmellata di frutta e mele monolito - massimo 40%;
- marmellata di frutta e mele in forme - massimo 28%;
- marmellata-gelatina - massimo 20%;
- marmellata di frutta e gelatina - massimo 25% [22];

* l'acidità della marmellata dipende dal contenuto di acidi, sali, anidride carbonica e secondo i dati DNT è di 6-22,5 gradi (secondo l'acido malico) a seconda del tipo e del tipo di prodotto;

* il contenuto di ceneri insolubili in HCl al 10% non deve superare lo 0,1% per la marmellata di frutta e lo 0,05% per la marmellata o gelatina di frutta;

* il contenuto di acido solforico non deve superare lo 0,01% [22].

A seconda delle materie prime utilizzate, troviamo i seguenti tipi di marmellata:

- Marmellata extra che si ottiene da un solo frutto (ad esempio lamponi, fragole, albicocche, ciliegie, ecc.);
- Marmellata superiore ottenuta da due categorie di frutta con un certo peso: almeno il 30% di frutta considerata nobile e il resto del 70% da qualsiasi altra categoria di frutta disponibile. Grazie alla presenza di frutti nobili, la marmellata risultante sarà aromatica e l'aroma, a seconda del frutto utilizzato, sarà definito;
- Marmellata mista che si ottiene da varie specie di frutti misti, che possono essere utilizzati anche alcuni frutti derivanti dalla cernita di altri tipi di prodotti, purché non siano alterati. Se si utilizzano materie prime semiconservate sotto forma di polpe o marchi, queste devono essere adeguatamente conservate e non devono contenere corpi estranei. Se si utilizzano frutti freschi, questi devono prima raggiungere la maturità industriale (tecnologica) prima di essere raccolti e valorizzati [23].

II.4.3. Studio delle normative tecniche e delle decisioni governative relative agli indici di qualità della marmellata di lamponi e alle materie prime necessarie per la sua produzione.

La marmellata è un prodotto di consistenza gelatinosa, ottenuto da purea di frutta e mele o da soluzioni acquose di agenti gelificanti (agar, agaroide, pectina), zucchero e altri componenti.

La formazione della massa di marmellata è un processo fisico molto complicato. I componenti principali per la formazione della massa gelatinosa sono rappresentati da pectina, acidi e zucchero, contenuti in determinate concentrazioni:

- pectina 0,8-1,0%;
- acidi 0,6 - 1,0%;
- zucchero 65-70%.

Come base gelatinosa della marmellata si può utilizzare qualsiasi sostanza gelificante (agente gelificante), ad esempio la pectina.
La massa della marmellata è un sistema colloidale (pinta, gel) costituito da macroparticelle colloidali, unite tra loro, che formano uno scheletro duro con una struttura a rete. La gelatina (gel) della marmellata si forma come risultato della trasformazione di una soluzione colloidale in uno stato di gel, seguita dall'accoppiamento delle particelle di pectina tra loro. Dopo la formazione del gel, avviene la stabilizzazione della struttura, chiamata maturazione della marmellata [22].
Ogni componente del gel di marmellata svolge una funzione particolare e specifica:
- La pectina rappresenta il materiale da cui si forma lo scheletro del gel. Maggiore è il contenuto di pectina, più resistente è lo scheletro;
- Lo zucchero svolge la funzione di adsorbente dell'acqua. Il contenuto di zucchero necessario dipende dal contenuto di pectina. Più basso è il contenuto di pectina, più alto deve essere il contenuto di zucchero;
- assicurano l'eliminazione degli acidi pectici dai loro sali. Gli acidi pectici liberi hanno la capacità di gelatinizzare.

La capacità della massa di marmellata di gelatinizzare dipende anche dal pH dell'ambiente (il pH ottimale è 3,0 - 3,2).
A seconda della materia prima, la marmellata si divide in tre gruppi:
- frutta e marmellata di mele;
- marmellata-gelatina;
- combinata (gelatina-frutto). [22].

Tabella 2.26. Caratteristiche organolettiche delle marmellate/gelatine secondo HG 204/2009 [19].

Indicatore	Condizioni di ammissibilità
Forma	Specifica i rispettivi nomi. Regolato con contorni chiari senza distorsioni
Suprface	Cospargere con zucchero a velo, cacao in polvere, scaglie di cocco o glassa. Per le gelatine glassate con glassa al cioccolato, è consentito che lo strato di glassa sul fondo sia trasparente.
Coerenza	Gelatina
Gusto, odore e colore	Caratteristiche del rispettivo prodotto, senza odori e sapori estranei. Per le gelatine a strati, ogni strato deve avere un sapore, un odore e un colore specifici per il nome.
NOTA: I prodotti deformati sono ammessi: per le gelatine confezionate sfuse - massimo 4% in massa, per le gelatine confezionate sfuse - massimo 6% in massa, per le gelatine preconfezionate tagliate e le gelatine preconfezionate - massimo 10% in numero nell'unità di confezionamento, per gli altri tipi di gelatine preconfezionate - massimo 6% in numero nell'unità di confezionamento.	

La marmellata di gelatina è preparata sulla base di speciali sostanze gelificanti - agar, agaroid, furcellaran, pectina - con l'aggiunta di zucchero semolato, melassa, acido e aromi. Nella ricetta sono inclusi anche frutti e bacche. In questo caso, la marmellata perde la sua trasparenza [38].

Secondo la Decisione governativa n. 204 dell'11.03.2009 relativa all'approvazione del Regolamento Tecnico "Prodotti dolciari", la marmellata è un prodotto di consistenza gelificata, ottenuto da zucchero, sciroppo di glucosio e altri ingredienti [19].

Tabella 2.27. Caratteristica fizico-cimica a marmeladei/ jeleurilor conforme HG 204/ 2009 [19]

Il nome degli indicatori	Valori ammissibili per le marmellate da:			
	purea di frutta e mele in		jel1	puree di frutta con agenti gelificanti
	moduli	strati		
Frazione di massa dell'umidità, %	9-24	29-33	15-23	15-24
Per la gelatina smaltata con glassa, %, max.	26	-	30	30
Frazione di massa delle sostanze riducenti, %, max.	28	40	20	25
Per gelatine a base di pectina o glucosio, %, max	-	-	28	28
Acidità totale, gradi	6-22.5	4.5-18.0	7.5-22.5	7.5-22.5
Frazione di massa di ceneri insolubili in soluzione di acido cloridrico al 10%, %, max.	0.1	0.1	0.05	0.05

NOTE:
1. L'acidità generale per le marmellate in forme, a base di frutta e mele con agar di alghe e per le gelatine a base di agenti gelificanti con latte deve essere di almeno 3,0 gradi.
2. La frazione di massa di umidità per ogni prodotto deve corrispondere al contenuto calcolato secondo il documento normativo per il rispettivo prodotto, con le deviazioni ammesse dai valori calcolati.
3. La frazione di massa della glassa al cioccolato deve corrispondere al contenuto calcolato secondo il documento normativo per il rispettivo prodotto, con scostamenti ammissibili dai valori calcolati di ± 2,0%.

Le materie prime e ausiliarie utilizzate nell'industria dolciaria si distinguono per una varietà di proprietà strutturali e meccaniche. Per la corretta organizzazione del processo tecnologico e l'ottenimento di prodotti finiti con caratteristiche qualitative stabili, è necessario tenere conto delle peculiarità del comportamento reologico di diversi tipi di materie prime e materiali ausiliari [24].

Tabella 2.28. Le caratteristiche organolettiche dello zucchero sono conformi alla norma HG 774/2007 [25].

Indicatore	Condizioni di ammissibilità dello zucchero:		
	extra bianco	bianco	semi-bianco
Colore	con		Bianco, con una sfumatura giallastra
L'odore	Dolce		
Il gusto	Caratteristiche dello zucchero		
Friabilità	Lo zucchero semolato deve essere friabile		Gli agglomerati che si sbriciolano al tatto sono ammessi

Secondo la Decisione governativa n. 774 del 03.07.2007 relativa all'approvazione del Regolamento Tecnico "Zucchero. Produzione e commercializzazione", lo zucchero è un prodotto alimentare sotto forma di saccarosio con impurità estratte o formatesi nel processo di lavorazione della materia prima vegetale contenente zucchero. Zucchero fuso - zucchero destinato alla lavorazione industriale, con una frazione di massa di saccarosio pari al 99,55% [25].

Tabella 2.29. Le caratteristiche fisico-chimiche dello zucchero secondo la norma HG 774/...

2007 [25]

Il nome degli indicatori	Valori consentiti per lo zucchero:		
	extra bianco	bianco	semi-bianco
Frazione di massa dell'umidità, %, max.	0.6	0.12	0.14
Frazione di massa di saccarosio (relativa a SU), %, min.	99.85	99.75	99.55
La frazione di massa delle sostanze riducenti (in relazione a SU),%, max	0.02	0.04	0.065
Frazione di massa delle ceneri (rispetto a SU), max.: % punzone	0.011 6	0,027 15	0.05 -
Colorazione in soluzione, max: Le unità ICUMSA bucano le unità convenzionali	22.5 3 -	90.0 12 -	195.0 - 1.5
Il numero di zuccheri nei campioni colorati, punti, max.	4	9	26
La frazione di massa delle impurità ferrose, %, max.	0.0001	0.0003	0.0003
Quantità massima di punti	8	28	-

NOTA: Per la determinazione in punti degli indicatori di cenere, della colorazione in soluzione dello zucchero e del numero massimo di punti per i campioni di zucchero in colorazione, si adotta quanto segue:

- nella posizione grigia, un punto equivale allo 0,0018%;
- alla posizione di colorazione in soluzione, un punto equivale a 7,5 unità ICUMSA;
- per i campioni di zucchero colorati, gli indicatori del dispositivo "SACCHAROFLEX" vengono moltiplicati per due.

La melassa viene prodotta dalla canna da zucchero. La melassa nera e viscosa è la più ricercata per un'alimentazione sana, in quanto contiene il maggior numero di sostanze nutritive. I requisiti principali per la preparazione della melassa di canna da zucchero sono la separazione del succo di canna dalla polpa e il successivo processo di estrazione dello zucchero (principalmente saccarosio) dal succo [21].

Secondo la norma GOST 33917-2016, la melassa deve soddisfare i requisiti della norma attuale. Per quanto riguarda le caratteristiche organolettiche, il melasso deve soddisfare i requisiti indicati nella tabella 2.30. Per quanto riguarda i parametri fisico-chimici, il melasso deve soddisfare i requisiti indicati nella tabella 2.31. Altri requisiti rispetto a quelli indicati possono essere specificati nel contratto con il fornitore [26].

Tabella 2.30. Le caratteristiche organolettiche della melassa secondo GOST 33917-2016 [26]

Indicatori	**Condizioni di ammissibilità per la melassa:**				
	a basso contenuto di zuccheri	di caramello		di maltosio	con un elevato contenuto di zuccheri
		acido	enzimatico		
Aspetto esterno	Liquido viscoso e denso				
Colore	Da incolore a giallo pallido in varie tonalità				
Trasparenza	Trasparente. Decadenza dell'opale		Trasparente		
Odore e gusto	Caratteristica della melassa, nessun gusto o odore estraneo				

Tabella 2.31. Caratteristiche fisico-chimiche della melassa secondo la norma GOST 33917-2016 [26].

Il nome degli indicatori	**Valori ammessi per la melassa:**				
	con un po' di zucchero	di caramello		di maltosio	con un elevato contenuto di zuccheri
		acido	enzimatico		
Frazione di massa della sostanza secca, %, min.	**78.0**				
La frazione di massa delle sostanze riducenti rispetto alla sostanza secca (glucosio equivalente), %.	**26-35**	**36-44**		38-70	min. 75
Frazione di massa dei singoli carboidrati (composizione glucidica): - glucosio, % - maltosio, %	**max.15 5-20**	- -	**5-20 10-25**	**max.25 min.36**	**min.20 -**
Frazione di massa delle ceneri totali rispetto alla sostanza secca, %, max.	**0.40**				
Indicatore di idrogeno, pH	**3.0-6.0**				

(eccetto i cerotti demineralizzati)		
Conducibilità elettrica specifica (per i cerotti demineralizzati), LiS/cm sau mS/cm, max	**200**	
Acidità - il volume di una soluzione di idrossido di sodio con una concentrazione di 0,1 mol/l (0,1 N) per neutralizzare gli acidi e i sali acidi in 100 g di melassa secca sostanza: - da patate e altri tipi di tuberi amidacei, cm, max. - da mais e altri tipi di cereali amidacei, cm, max.	**27** **15**	- -

Il nome degli indicatori	**Valori ammessi per la melassa:**				
	con un po' di zucchero	o caramello		di maltosio	con un elevato contenuto di zuccheri
		acido	enzimatico		
Anidride solforosa (SO_2) contenuto, mg/kg, max.	**40**				
Temperatura del campione, C°	**155**	**145**	**140**		-
Il colore del test allo iodio	-		diverse nuante de ga		iben
La presenza di corpi estranei meccanici visibili impurità	nu se admite				

NOTE:

1. Ulteriori requisiti di qualità del melasso possono essere specificati nel contratto con il consumatore.
2. L'indicatore "Colore" è determinato con metodi strumentali (Allegati B, C), l'indicatore "Torbidità" è determinato con metodo strumentale (Allegato D). I valori degli indicatori sono stabiliti in base alle esigenze dei consumatori.
3. Il produttore controlla periodicamente l'indicatore "Frazione di massa delle ceneri totali", ma almeno una volta ogni 10 giorni nel campione medio di melassa.
4. Su richiesta del consumatore, la frazione di massa della sostanza secca della melassa può essere inferiore al 78%.
5. Se la frazione di massa della sostanza secca si discosta da quella standardizzata, è consentito ricalcolare la massa di un lotto di melassa con il 78% della sostanza secca, in conformità alla norma GOST 4680.

6. Su richiesta del consumatore, per la melassa ad alto contenuto di zucchero è ammessa una frazione di massa di glucosio inferiore al 20%. 7. L'indicatore "Conducibilità elettrica specifica" (per la melassa demineralizzata) viene determinato con il metodo strumentale (Appendice D).

L'agar (agar-agar) è un prodotto organico ottenuto da una serie di alghe rosse (agarofite), della famiglia delle Gelidiaceae (Gelidium) e delle Gracillariaceae (Gracilaria), da cui viene estratto per bollitura e solidificazione a 32-40°C .
Si presenta sotto forma di strisce semitrasparenti di colore giallo-brunastro. Contiene il 70-80% di polisaccaridi, il 10-20% di acqua e l'1,5-4% di sostanze minerali. È costituito da residui galattosidici esterificati al C6 con un gruppo solfonico. Ha un potere gelificante molto elevato. L'agar è uno stabilizzatore codice E406 [21].

Tabella 2.32. Le caratteristiche organolettiche dell'agar sono conformi a GOST 16280-2002 [27].

Indicatori	Condizioni di ammissibilità per l'agar di qualità		
	superiore	prima	secondo
Aspetto esterno	Granuli, polvere, polvere, fiocchi, lastre, pellicole		
Colore	Da crema chiaro a crema scuro. Può avere una sfumatura grigia	Da beige a marrone chiaro	
Odore dell'agar e della frazione di massa di agar secco gel 0,85%.	Nessun odore estraneo		
Gusto del gel con frazione di massa di agar secco 0,85%.	Nessun sapore estraneo		
La presenza di impurità	Non è consentito		

Tabelul 2.33. Caratteristiche fizico-cimiche degli agarului conformi a GOST 16280-. 2002 [27]

Il nome degli indicatori	Valori ammissibili per l'agar di qualità:		
	superiore	**prima**	**secondo**
Colore del gel (con frazione di massa di agar secco 0,85%), trasmissione della luce, % min.	**60**	**45**	
Forza del gel (con frazione di massa di agar secco 0,85%, zucchero 70%), g, min	**1600**	**1000**	**700**
Diminuzione della forza del gel (con frazione di massa di agar secco 0,85%, dopo aver riscaldato la soluzione per 2 ore), %, min	**10**	**15**	
Temperatura di fusione del gel (con frazione di massa di agar secco 0,85%), °C, min.	**80**		
Temperatura di gelificazione della soluzione di	**30**		

agar (con frazione di massa di agar secco pari allo 0,85%), °C, min.		
La temperatura di gelificazione della soluzione di agar (con frazione di massa di agar secco 0,85%, zucchero 70%), °C, max	**42**	
Frazione di massa dell'umidità, %, min	**18**	
Frazione di massa delle ceneri, %, min	**4.5**	**6.0**
La presenza di iodio	Non è consentito	
La frazione di massa delle sostanze insolubili in acqua calda, %, max	**0.4**	**0.6**

L'acido citrico (acido tricarbo-1,2,3-idrossipropanoico $C_6H_8O_7$) è un acido tricarbossilico che si presenta come una polvere incolore dal sapore aspro, facilmente solubile in acqua. È noto anche come sale di limone [21].

Tabella 2.34. Caratteristiche organolettiche dell'acido citrico secondo la norma GOST 908-2004 [28].

Indicatori	**Condizioni di ammissibilità**
Aspetto e colore	Cristalli incolori o polvere bianca senza agglomerazioni
Struttura	Asciutto, non appiccicoso al tatto
Il gusto	Aspro, senza sapore estraneo
L'odore	Inodore
Impurità meccaniche	Non è consentito

Tabella 2.35. Caratteristiche fisico-chimiche dell'acido citrico secondo GOST 908-2004 [28].

Il nome degli indicatori	**Valori ammessi**
Identificazione dell'acido citrico	Resiste alla prova
Frazione di massa dell'acido citrico monoidrato ($C_6H_8O_7$ x $2H_2O$), %	99.5-100.5
Frazione di massa dell'umidità, %	7.5-8.8
Frazione di massa di ceneri solfatate, %, max	0.05
Frazione di massa dei solfati, %, max	0.015
Frazione di massa degli ossalati, %, max	0.01
Test del ferrocianuro	Resiste alla prova
Test sulle sostanze carbonizzanti	Resiste alla prova
Test del ferro	Resiste alla prova

Le puree di frutta e mela contengono carboidrati facilmente digeribili - glucosio, fruttosio, saccarosio; vitamine - A, gruppo I, C; minerali, nonché sostanze biologicamente attive - catechine, antociani. Questo determina il suo alto valore nutrizionale. Inoltre, frutta e bacche hanno proprietà antiossidanti e un buon sapore.

Frutti e bacche contengono circa il 10-15% di sostanza secca e una grande quantità di umidità, quindi non possono sopportare una conservazione sospetta nella loro forma naturale. Oltre il 90% della sostanza secca è costituito da carboidrati, pectine e coloranti (antociani, clorofilla e carotenoidi) [21].

Tabella 2.36. Caratteristiche organolettiche della purea di frutta secondo la norma GOST 32684-2014 [29].

Indicatori	Condizioni di ammissibilità
Aspetto esterno	Una massa omogenea e uniforme, senza particelle di fibra, semi, bucce e gambi. È ammessa: la presenza di semi singoli in purea di mirtilli, lamponi, fragole, more, uva spina, ribes rosso e nero e altri frutti di bosco; la presenza di particelle solide in purea di mele cotogne e pere.
Coerenza	Simile a un pastone, scorrevole. È consentita la stratificazione dei liquidi
Colore	Caratteristica dei frutti da cui si ottiene la purea, omogenea in tutta la tavola. Le sfumature marroni sono accettabili per le puree di frutta scura e le sfumature marroni per le puree di frutta chiara.
Gusto e olfatto	Caratteristica del frutto da cui si ricava la purea. È ammessa una leggera amarezza naturale nella purea di mirtillo, ribes, olivello spinoso, equiseto, un gusto astringente nella purea di sorbo. Non sono ammessi sapori e odori estranei.
NOTA: Le caratteristiche organolettiche delle puree di frutta conservate con anidride solforosa sono determinate nelle puree desolforate.	

Tabella 2.37. Caratteristiche fisico-chimiche della purea di frutta secondo la norma GOST 32684-2014 [29].

Il nome degli indicatori	Valori ammissibili
Frazione di massa dei solidi solubili, %, min., nel mash di: - mele cotogne, pere, prugne, ciliegie, mandarini, prugne, amarene, ribes nero, mele (da mele a maturazione tardiva); - albicocche, ciliegie dolci, amarene, uva spina; - mirtilli, pere (da varietà selvatiche), more, fragole, ciliegie, ribes, uva spina, limoni, lamponi e lamponi neri; - mele (da mele a maturazione precoce); - mele (da varietà coltivate in natura); - pesche	 10 12 7 8.50 8 9
Test della gelatina di mele cotogne e ribes nero	Soddisfacente
Test del letto per la purea di albicocche	Soddisfacente
Frazione di massa di acido sorbico, %, massima	0.1
Frazione di massa di acido benzoico, %, massima	0.1
Frazione di massa di anidride solforosa, %, massima	0.2
La frazione di massa delle impurità di origine vegetale (che non è prevista dalla ricetta), %, massimo	0.02
Frazione di massa delle impurità minerali, %, massimo: - in	0.1

purea di fragole e lamponi; - negli altri tipi di purea	 non ammesso
Impurità estranee	non ammesso

Secondo la Decisione governativa n. 229 del 29.03.2013 per l'approvazione del Regolamento sanitario sugli additivi alimentari, gli esaltatori di sapidità sono sostanze che migliorano il gusto e/o l'odore esistente di un prodotto alimentare, mentre i coloranti sono sostanze che aggiungono o restituiscono colore ai prodotti alimentari e comprendono componenti naturali di prodotti alimentari o altre sostanze naturali che, di norma, non sono consumate come prodotti alimentari in sé e che non sono solitamente utilizzate come ingredienti caratteristici degli alimenti.

Ai fini del presente regolamento, sono considerate coloranti le preparazioni ottenute da prodotti alimentari e da altre materie prime naturali commestibili, ottenute mediante estrazione fisica e/o chimica che porta a un'estrazione selettiva dei pigmenti rispetto ai costituenti nutrizionali o aromatici [30].

Tabella 2.38. Caratteristiche qualitative degli aromi secondo GOST 32049-2013 [20]

Indici di qualità	Condizioni di ammissibilità
Aspetto esterno	Trasparente o opaco
Colore	Incolore o colorato
L'odore	Specifico di un agente aromatizzante
Temperatura ambiente, C^o	20-25
Pressione atmosferica, kPa	95.0-106.7
L'umidità relativa dell'aria, %	40-90
Tensione principale, V	220
Frequenza di rete, Hz	49-51

Tabella 2.39. Caratteristiche qualitative dei coloranti secondo GOST 32745-2014 [31]

Indici di qualità	Condizioni di ammissibilità
Aspetto esterno	Polvere o granuli
Colore	Giallo o rosso
Colore in dissolvenza	Dal giallo al rosso (a seconda della tonalità necessaria)
Pressione atmosferica, kPa	10-35
L'umidità relativa dell'aria, %	40-95
Tensione principale, V	220
Frequenza di rete, Hz	49-51

II.5. Nuovi metodi per ottenere marmellata di lamponi a ridotto contenuto di saccarosio

Il numero di potenziali pazienti diabetici è pari a circa il 5% della popolazione. Per soddisfare le esigenze di queste persone, sta aumentando la produzione industriale di prodotti a basso contenuto calorico, con zuccheri ridotti ed edulcoranti artificiali aggiunti. Di conseguenza, il valore energetico diminuisce, mentre la dolcezza rimane più o meno invariata. I dolcificanti artificiali più utilizzati sono la saccarina, l'aspartame, l'acesulfame-K e il ciclamato, che sono diverse volte più dolci del saccarosio. L'aspartame, il dolcificante utilizzato in questo lavoro, è 200 volte più dolce del saccarosio e il suo valore energetico è di 4 kcal/g.

La produzione di marmellate a partire da frutta, zucchero, pectina e acidi commestibili è uno dei più antichi processi di conservazione degli alimenti conosciuti dall'umanità. La conservabilità di questi prodotti si ottiene aumentando il contenuto di solidi solubili (min. 60%) che provoca una diminuzione dell'acqua libera attraverso l'idratazione, una pastorizzazione sufficiente, la conservazione chimica di prodotti a basso contenuto calorico (meno del 38% di solidi solubili) e un pH basso (2,63,2). Un tempo e una temperatura di cottura sufficienti, la sterilizzazione dello spazio di testa del vaso di vetro dopo il riempimento e la chiusura sottovuoto sono altri criteri per la loro protezione dal deterioramento microbico [32].

La marmellata è un prodotto gelatinoso ottenuto dalla cottura delle parti commestibili fresche o semilavorate del frutto intero (senza buccia, pelle, semi, ecc.), che è stato reso una purea attraverso un setaccio o un processo simile, con l'aggiunta di zucchero o sciroppo di zucchero, pectina/agar e acido. I moderni sistemi di cottura (un sistema chiuso e continuo a bassa pressione sottovuoto) sono dotati di un dispositivo di misurazione automatica dello sciroppo di zucchero, dell'acido e della soluzione di pectina/agar. Il rifrattometro di processo e la sequenza di misurazione del pH forniscono un controllo automatico del contenuto di solidi solubili e dei valori di pH.

Gli alimenti dietetici (a basso contenuto calorico/saccarosio) sono destinati a diete speciali. Il valore energetico dei prodotti a basso contenuto di saccarosio, rispetto ai prodotti tradizionali, è ridotto di almeno il 30%. 30% almeno. È consentito l'uso dell'acido sorbico e dei suoi sali, nonché dell'acido benzoico e dei suoi sali come conservanti. Come sostituti dello zucchero e dolcificanti intensivi, è consentito l'uso di sorbitolo, mannitolo, fruttosio, saccarina, ciclamato e aspartame [32].

L'obiettivo di questo lavoro era la produzione industriale di marmellate di lamponi a basso contenuto di saccarosio e la stima della loro qualità chimica e sensoriale.

La marmellata di lamponi è stata preparata secondo le formulazioni riportate nella tabella 1.40, raccomandate dal produttore di pectina. La quantità necessaria di pectina è stata mescolata con circa 5 volte la quantità di zucchero. Questa miscela è stata sciolta in acqua calda (80°C) e mescolata in un mixer fino a ottenere un sistema colloidale omogeneo (soluzione di pectina al 35%).

Nel frattempo, la frutta con lo zucchero rimanente e circa 1/3 della quantità d'acqua richiesta è stata aspirata nella pentola sotto vuoto e riscaldata a 80°C senza la presenza del vuoto. Una volta raggiunta la temperatura richiesta, è stata aggiunta la soluzione di pectina mescolando costantemente. La miscela è stata cotta sotto vuoto fino a ottenere la SS (solido solubile) raccomandata.

Il prodotto è stato riscaldato a 80-82°C (senza vuoto) e si è aggiunta una soluzione di acido citrico al 50% per raggiungere il pH ottimale. La marmellata era quindi pronta per essere riempita in vasi di vetro da 720 ml e 370 ml. I vasetti sono stati chiusi con coperchi "twist off". Le armate sono state pastorizzate a 82-85°C per 10-15 minuti, quindi raffreddate a 55-60°C (temperatura di gelificazione ottimale), etichettate, confezionate in un'apposita base di cartone ricoperta da una pellicola di PVC termoindurente, pallettizzate e conservate in un magazzino buio e fresco [32].

Tabella 2.40. La ricetta di produzione delle marmellate a basso contenuto di saccarosio [32]

Indizi	Campione 1	Campione 2	Campione 3
SS consigliata, %	40	35	45
pH consigliato	3.1 - 3.40	3.2	3.2
Quantità di frutta, g/ kg	500	450	450
Quantità di zucchero, g/ kg	340	297	298
Il tipo di pectina utilizzata	"Obi-Pectina" Fascia viola D 075	"Grinsted- Pectina" LA 410	"Grinsted- Pectina" LA 410
Quantità di pectina, g/ kg	5.5	7.0	6.0

La caratterizzazione iniziale della purea di lamponi (solidi solubili, pH e acidità totale) è stata eseguita secondo i metodi standard (3). I solidi solubili sono stati misurati con un rifrattometro a 20°C; il pH è stato misurato con un pH-metro. L'acidità totale, come acido citrico, è stata determinata mediante titolazione con una soluzione standard di NaOH. Le analisi microbiologiche delle gelatine sono state eseguite secondo i metodi abituali. La valutazione sensoriale è stata eseguita con un sistema a punti (5). I valori energetici della marmellata a ridotto contenuto di zucchero sono stati calcolati in base al contenuto (%) di zucchero, proteine, olio e acido, moltiplicato per i fattori corrispondenti (17,2 per zucchero e proteine; 38,9 per olio e 10,3 per acido).

La Tabella 2.41. presenta i risultati della caratterizzazione chimica ottenuta per la purea di lamponi prima della produzione delle marmellate. I valori ottenuti sono simili a quelli citati da altri autori. Nella tabella 2.41. sono presentati anche i risultati della caratterizzazione chimica ottenuta per le marmellate. I solidi solubili, i valori di pH e l'acidità totale erano quelli previsti dalle formulazioni [32].

Tabella 2.41. Composizione chimica dei lamponi e dei campioni di marmellata utilizzati [32]

Nome	SS, %	PH	Acidità titolabile, % (acido citrico)
Lampone	7.50	3.50	0.55
Campione 1	40.0	3.16	0.75
Campione 2	36.0	3.25	0.50
Campione 3	45.80	3.20	0.40

Nella tabella 2.42. si può notare che tutti i campioni hanno ottenuto un punteggio in base alle caratteristiche sensoriali (18,00 e 19,00 punti) [32].

Tabella 1.42. Risultati dell'analisi sensoriale dei campioni di marmellata [32]

Indizi	Campione 1	Campione 2	Campione 3
Il gusto	8	8	8
Colore	4	4	4
Odore	2	2	2
Coerenza	5	5	4
Totale	19	19	18

I quattro campioni con i punteggi migliori sono stati utilizzati per determinare i valori energetici. I valori energetici delle gelatine a ridotto contenuto di zucchero sono stati calcolati in base al contenuto (%) di carboidrati, proteine, oli e acidi, moltiplicati per i fattori corrispondenti (17,2 per gli zuccheri e le proteine; 38,9 per gli oli e 10,3 per gli acidi). I risultati dei valori energetici sono riportati nella tabella 2.43. [32].

Tabella 1.43. Valori energetici dei campioni di marmellata [32]

I campioni di marmellata	Valore energetico (kJ/100g)
Campione 1	645
Campione 2	652
Campione 3	697

Il sapore, il colore e l'odore delle marmellate prodotte erano caratteristici dei lamponi da cui venivano ricavate. Avevano una consistenza gelatinosa omogenea, senza zucchero cristallizzato e senza sineresi. Non presentavano segni di fermentazione né ingredienti strani.

Le caratteristiche microbiologiche soddisfano i requisiti della normativa per questo gruppo di prodotti.

I valori energetici delle marmellate erano compresi tra 645 kJ/100g e 697 kJ/100g, il che le classifica come prodotti gelatinosi a basso contenuto calorico e di saccarosio [32].

II.6. Influenza del trattamento termico sulla composizione fisico-chimica dei lamponi e della marmellata di lamponi

Il lampone stesso è una buona fonte di micronutrienti come minerali, vitamina C, folato e sostanze fenoliche, la maggior parte delle quali sono antiossidanti naturali che contribuiscono al suo alto valore nutrizionale. Nella maggior parte dei casi, i frutti di lampone sono esposti a qualche tipo di trattamento termico durante la produzione. I composti bioattivi dei lamponi (come fenoli, flavonoidi, carotenoidi, vitamine, ecc.) sono solitamente componenti termolabili. Di conseguenza, queste sostanze chimiche possono degradarsi durante la lavorazione dei frutti a seconda della temperatura e/o del tempo di lavorazione [33].

Molti autori hanno confrontato il contenuto bioattivo e l'attività antiossidante dei prodotti (ottenuti mediante trattamento termico) con i frutti di lampone freschi (utilizzati come materia prima). In breve, hanno evidenziato una riduzione significativa sia del contenuto di componenti bioattivi sia dell'attività antiossidante dei prodotti a base di lampone. Pertanto, l'ottimizzazione della produzione stessa è uno dei modi per ridurre la perdita di proprietà bioattive dei frutti di lampone durante la lavorazione.

Questo studio mirava a scoprire i probabili effetti del regime di bassa temperatura sulla qualità (contenuto fenolico totale - TPC, contenuto di antociani totali - TAC, AO) delle gelatine di lampone preparate con frutti raccolti nelle regioni occidentali della Serbia.

Si può notare che la gelatina di lampone nero ha mostrato l'AO più elevato, seguita da quelle di lampone rosa e lampone giallo (Figura 2.1.). I diversi apici indicano differenze significative tra le medie secondo il test HSD di Tukey ($p < 0,05$). La stessa gelatina era arricchita di fenoli totali. Inoltre, presentava un elevato contenuto di umidità. Tali risultati sono in realtà coerenti con la diminuzione degli antociani totali nel seguente ordine: lampone nero > lampone rosa > lampone giallo. I coefficienti di correlazione di Pearson per i parametri selezionati (TPC, TAC, HPMC e ARP) indicano che l'AO (soprattutto HPMC) è altamente correlato positivamente sia con il TPC (0,91) che con il TAC (0,95) (Tabella 2.44.) [33].

Tabella 2.44. Coefficienti di correlazione di Pearson per parametri selezionati [33]

Parametri	TPC	TAC	HPMC	ARP
TPC	1.0	0.85	0.91	0.79
TAC		1.00	0.95	0.78
HPMC			1.00	0.93
ARP				1.00
NOTE: TPC - contenuto fenolico totale; TAC - contenuto totale di antociani; HPMC - complesso idrossi-peridrossile di mercurio (II); ARP - potere antiradicali.				

Le gelatine preparate a bassa temperatura (gelatina a bassa T) contenevano più sostanze fenoliche totali e antociani rispetto alle gelatine prodotte ad alta temperatura (gelatina ad alta T) (Figura 2.9.). Questo è stato il motivo per cui la loro AO è stata migliorata rispetto alle gelatine a T.

Per quanto ne sappiamo, questa è la prima relazione sull'applicazione della polarografia DC nella descrizione degli AO di gelatine di lamponi di qualsiasi tipo. Durante la preparazione delle gelatine a pressione atmosferica, il TPC e il TAC nei prodotti finali sono ridotti fino al 30% rispetto ai prodotti fabbricati a bassa temperatura. Indubbiamente, questo dà un chiaro vantaggio alle condizioni facili e non invasive per la lavorazione delle gelatine [33].

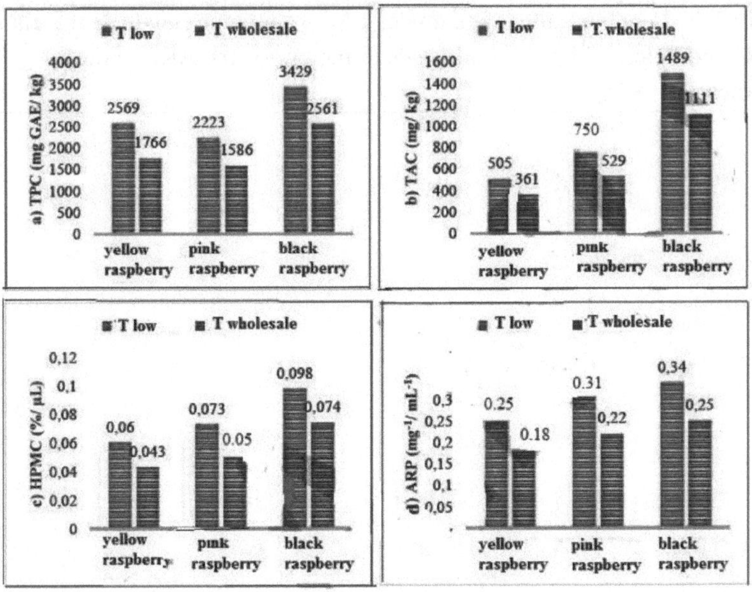

Fig. 2.9. Contenuto totale di fenoli (a) e antociani (b) e attività antiossidante determinata con i metodi DC-polarografico (c) e DPPH (d) delle gelatine di lampone [33].

Per inciso, i valori di TPC delle gelatine di lamponi gialli riportati in questo studio sono in buon accordo con quelli precedentemente pubblicati. Lo stesso è stato osservato per le marmellate di lamponi e le gelatine di lamponi neri. Infine, in tutta la letteratura è stato sostenuto un legame diretto tra TPC e AO.

La preparazione delle gelatine di solito non prevede la separazione di succo e polpa. Tuttavia, la procedura migliorata qui descritta ha permesso di ottenere

gelatine senza semi, a differenza di quelle comuni (standard) attualmente disponibili sul mercato [33].
Inoltre, invece di bollire i frutti a temperature superiori a 80° C, nella fase successiva è stato applicato il regime di bassa temperatura (55° C). Vale la pena ricordare che le gelatine di lamponi sono state preparate senza l'uso di pectina durante l'intero procedimento, a causa dell'elevato contenuto di frutta conservata: 60% invece del 35% di frutta come minimo per la preparazione di gelatine standard. Per formare il gel con una bassa percentuale di frutta, è stato necessario aggiungere pectina a una concentrazione finale dello 0,5-1,5%, mentre il pH è stato regolato con una soluzione di acido citrico a 3,0 -3,5.
Alla fine si è concluso che per tutti i tipi di lamponi insieme, il regime di bassa temperatura per la preparazione delle gelatine di lamponi può portare a un aumento significativo dei valori nutrizionali e degli effetti salutari, con particolare attenzione all'antiossidazione. Ulteriori sforzi di ricerca saranno rivolti al potenziale del lampone nero, una varietà autoctona di lampone, per consentire l'introduzione sul mercato di un nuovo prodotto alimentare (gelatina di lampone nero) [33].

CAPITOLO 3

III. Proprietà reologiche di alcune creme spalmabili alla frutta

III.1. Introduzione

L'industria alimentare ha mostrato un crescente interesse per la produzione di prodotti alimentari pronti all'uso, convenienti, più sani e naturali. I prodotti ortofrutticoli forniscono ai consumatori il fabbisogno giornaliero di importanti micronutrienti come vitamine, minerali e fibre alimentari.

Gli additivi di natura idrocolloidale, come la carbossimetilcellulosa (CMC), la gomma xantana e la gomma guar, possono essere aggiunti da soli o in miscela ai succhi e ai nettari di frutta e verdura per evitare la separazione e la precipitazione della polpa, nonché per migliorare la corposità e prolungare il tempo di conservazione. Il tipo e il livello di questi additivi influenzano le proprietà di viscosità e fluidità del prodotto finale [34-36].

Alvarez e Canet [37] hanno studiato il comportamento del flusso di puree per lattanti a base vegetale a diverse temperature (5-65 °C), prestando particolare attenzione alle proprietà dipendenti dal tempo in un intervallo di velocità di taglio (5-200 s^{-1}). I parametri del modello Power Law che descrivono il comportamento di flusso dei campioni dipendevano dal tipo di purea per neonati, dal suo contenuto di acqua e dalla temperatura. Gli autori hanno concluso che le puree per neonati hanno mostrato un comportamento tissotropico a tutte le temperature testate.

La maggior parte delle buste utilizzate per il trattamento termico degli alimenti è costituita da 3 strati di film, come poliestere, foglio di alluminio e polipropilene fuso [38].

Al giorno d'oggi esistono molte forme di buste flessibili utilizzate per il confezionamento di prodotti alimentari che richiedono un trattamento termico all'interno della confezione e che, nel frattempo, devono resistere alle condizioni di ritorsione.

L'effetto di diversi trattamenti termici e meccanici, tra cui l'omogeneizzazione ad alta pressione, sulle proprietà microstrutturali e reologiche di dispersioni di carota, broccoli e pomodoro è stato studiato da [39]. Gli autori hanno riportato che la carota e i broccoli hanno mostrato un comportamento diverso dal pomodoro nelle condizioni studiate. Cambiando l'ordine dei trattamenti termici e meccanici si ottenevano microstrutture con diverse proprietà di flusso. Le microstrutture risultanti si differenziavano per il modo in cui la parete cellulare si separava: rottura attraverso le pareti cellulari o attraverso la lamella centrale. È stato inoltre riscontrato che l'omogeneizzazione ad alta pressione ha diminuito la viscosità delle dispersioni di carote e broccoli, mentre ha aumentato la viscosità del pomodoro. La microscopia elettronica a scansione ha mostrato che le pareti cellulari di carota e broccoli sono rimaste come strutture compatte dopo l'omogeneizzazione, mentre le pareti cellulari del pomodoro si sono notevolmente gonfiate.

Morales-Blancas et al., [40] hanno studiato la cinetica di inattivazione termica della perossidasi (POD) e della lipossigenasi (LOX) da estratti di broccoli (Brassica oleracea L., cimette) e carote (Daucus carota L., cv Chantenay, corteccia e torsolo) al fine di ottimizzare il processo di sbollentatura degli ortaggi, riducendo il tempo del processo e quindi minimizzando la perdita di proprietà nutrizionali e sensoriali. Kampis et al. [41] hanno proposto un sistema di sbiancamento del carotene legato all'attività della POD, osservata nella frazione idrosolubile degli estratti di pomodoro. Studi di cinetica di inattivazione termica degli enzimi POD e LOX nell'intervallo tra 70 e 100° C hanno mostrato chiaramente curve bifasiche che si ritiene dipendano dalla presenza di isoenzimi con diversa stabilità termica.

Guerrero e Alzamora, [42] hanno studiato l'effetto del pH, della temperatura e dell'aggiunta di glucosio sul comportamento di scorrimento della purea di banana. Tutte le puree formulate erano fluidi shearthinning con valori apprezzabili di tensione di snervamento e le curve di flusso seguivano essenzialmente il modello di Herschel-Bulkley. L'aggiunta di glucosio ha generalmente diminuito le viscosità apparenti e aumentato la dipendenza dalla temperatura delle proprietà di flusso. Non è stato osservato alcun modello per quanto riguarda l'effetto di pH, aw e temperatura sull'indice di flusso.

Coronel et al., [43] hanno esaminato i problemi associati all'entità e alla tecnica di trattamento termico di prodotti vegetali ad alta viscosità, come le puree di patate dolci, a causa della loro bassa diffusività termica [44] oltre alla scarsa conducibilità termica [45] che limita la scelta del tipo e delle dimensioni del contenitore [46] e porta a un trattamento termico prolungato che influisce negativamente sulla qualità del prodotto e sul valore nutrizionale.

Sharoba et al., [47] hanno scoperto che l'aggiunta di idrocolloidi (gomme di guar, xantano e arabica) e di edulcoranti (aspartame e stevioside) influisce sul comportamento di flusso delle miscele di nettare di papaya e albicocca. Hanno riferito che la viscosità è funzione della temperatura e della concentrazione di solidi disciolti, cioè la viscosità dipende dalle distanze intermolecolari dei costituenti del nettare. All'aumentare della temperatura, le distanze intermolecolari aumentano e quindi la viscosità diminuisce. I campioni di nettare hanno mostrato una pseudoplasticità non newtoniana con fluidi con tensione di snervamento, poiché la viscosità apparente diminuisce con l'aumento della velocità di taglio, quindi presentano un comportamento di assottigliamento al taglio. La pseudoplasticità aumenta con l'aggiunta di idrocolloidi e diminuisce con l'aggiunta di edulcoranti. L'indice di fluidità dei campioni di nettare è diminuito con l'aumento della temperatura.

Maceiras et al., [48] hanno studiato il comportamento reologico di diversi frutti freschi o cotti (lampone, fragola, pesca e prugna). Le puree di frutta hanno mostrato un comportamento non newtoniano e la viscosità apparente è influenzata dalla cottura perché diminuisce con la temperatura e aumenta con il contenuto di zucchero. Di conseguenza, le marmellate di frutta hanno una viscosità maggiore rispetto alle puree di frutta. I modelli reologici di Ostwald Waele (Power Law) e di Herschel-Bulkley hanno adattato ragionevolmente bene i dati sperimentali a tutte le temperature. Essi riproducono che lo sforzo di snervamento e il coefficiente di consistenza diminuiscono con la temperatura, mentre l'indice di comportamento al flusso aumenta con l'aumentare della temperatura.

Ditchfield et al. [49] hanno condotto esperimenti sulla purea di banana a temperature comprese tra 30 e 120° C. I valori dello sforzo di taglio variavano da 10 a 170 Pa e la velocità di taglio da 10-5 a 10-3 s . I valori dello sforzo di taglio variavano da 10 a 170 Pa e la velocità di taglio da 10-5 a 10-3 s^{-1} . Il modello di Herschel-Bulkley si adattava meglio ai dati sperimentali a tutte le temperature. La viscosità apparente tende normalmente a diminuire con l'aumento della temperatura, ma è stato riscontrato un aumento della viscosità apparente con l'aumento da 50 a 60° C e da 110 a 120° C. Questo è stato attribuito dagli autori a un aumento della viscosità apparente, che è stata indotta da un'azione di taglio. Ciò è stato attribuito dagli autori a un'interazione dei polisaccaridi presenti nella purea di banana.

Ahmed, J. [50] ha attribuito l'effetto della temperatura sulle caratteristiche reologiche dinamiche delle puree di verdura e frutta alla gelatinizzazione o alla denaturazione che influiscono in modo sostanziale sulle proprietà reologiche, determinando anomalie rispetto alle tendenze generali. Il comportamento a flusso costante ha mostrato che i campioni di verdure e puree si sono comportati come fluidi non newtoniani con uno sforzo di snervamento definito. I dati relativi allo sforzo di taglio e alla velocità di taglio si adattano adeguatamente al modello di Herschel-Bulkley. L'obiettivo di questo lavoro è valutare la reologia delle puree di tre frutti freschi (Guava, fragola e banana) e studiare la penetrazione del calore delle creme spalmabili confezionate in buste flessibili di PA/PE.

III.2. Materiali e metodi

III. 2.1. I materiali

Tre frutti freschi: banana, guava e fragola sono stati acquistati presso i punti vendita di Dokki per i prodotti del Ministero dell'Agricoltura. Banana (*Muss*

cavendishii), guava (*Psidium guajava* L.) e fragola (*Fragaria ananassa*). Tre gomme commestibili: xantano, guar e carbossimetilcellulosa-Na (CMC) sono state donate dal MIFAD, Misr Food Additives, Badr City; Egitto.
L'acido citrico è stato ottenuto dalla El-Gomhoria Company, El-Swah, Cairo, Egitto. Il film trasparente di poliammide/polietilene (PA/PE) (spessore 125 ii) è stato ottenuto dalla Arab Company of Pharmaceutical Packages. Le proprietà fisiche e meccaniche del film di PA/PE sono riassunte nella Tabella 3.1.

Tabella 3.1. Proprietà fisiche e meccaniche del film PA/PE.

Proprietà	Unità[1]	PA/PE
Spessore fisico Peso di m2 Temperatura di saldatura a caldo Chiarezza Stampabilità Allungamento meccanico Resistenza all'urto	micron g/m^2 0C % N/cm^2	125 24 140 mezzo trasparente 263 1570

Fonte: Società araba di P Pacchetti armonici.
PA/PE = Poliammide/Polietilene. N/cm2 = Newton per centimetro quadrato.

III. 2.2. I metodi

111.2.2.1. Preparazione di creme spalmabili alla frutta

La frutta fresca è stata lavata e le parti non commestibili sono state scartate. La banana è stata sbucciata e divisa in piccoli dischi, la carota è stata tagliata in dischi sottili e la fragola è stata tagliata in quarti. Ogni frutto è stato sbollentato a vapore per 10 minuti o fino a quando la consistenza è tenera. I frutti sono stati scolati e lasciati raffreddare, quindi sono stati ridotti in purea in un frullatore domestico. Le puree lisce sono state setacciate attraverso un colino fine per eliminare le particelle fini, le fibre grossolane e le particelle grandi. A 100 g di purea sono stati aggiunti 1 g di acido citrico, 2 g di zucchero, 10 g di acqua e 1 g di un agente addensante. Xanthan, guar e carbossimetilcellulosa (CMC) sono stati utilizzati per la preparazione delle tre creme spalmabili alla guava, mentre solo la gomma xantana è stata utilizzata per le creme spalmabili alla banana e alla fragola. La miscela è stata omogeneizzata a una velocità di 6000 rpm per 3 minuti. Le creme spalmabili sono state riempite in barattoli di vetro, disaerate e conservate in frigorifero il giorno stesso o il secondo giorno per la valutazione.

111.2.2.2. Proprietà reologiche delle creme spalmabili alla frutta

Per valutare le proprietà reologiche delle creme spalmabili alla frutta è stato utilizzato un reometro digitale Brookfield, modello DV-III Ultra con software Rheocalc v3.1 (su un computer IBM per il controllo automatico e l'acquisizione dei dati). Il campione è stato posto in un becher da 100 ml, è stato utilizzato il mandrino HA-06 e la velocità di taglio e lo sforzo di taglio sono stati calcolati in base alle equazioni fornite dal produttore [51]. Per regolare la temperatura del campione è stato utilizzato un bagnomaria termostatico fornito con lo strumento. Le proprietà reologiche delle creme spalmabili alla frutta sono state valutate a temperature di 25, 40 e 60 °C e a velocità di taglio crescenti (2,29 - 34,35 s^{-1}), che corrispondono a velocità di rotazione di 10-150 rpm.

111.2.2.3. Valutazione delle proprietà reologiche delle creme spalmabili alla frutta

Le creme spalmabili di guava contenenti diverse gomme sono state valutate reologicamente a 25°C, mentre le puree di guava o le creme spalmabili di banana e fragola sono state valutate a 25, 40 o 60° C. Per adattare i dati reologici raccolti sono stati utilizzati diversi modelli reologici. Per valutare i dati reologici sono stati utilizzati i seguenti modelli:

Modello newtoniano: $\tau = \mu\dot{\gamma}$ (3.1.)

Modello di plastica Bingham:

$$\tau = \tau_0 + \mu\dot{\gamma} \quad (3.2)$$

Modello a legge di potenza:

$$\tau = K\dot{\gamma}^n \quad (3.3)$$

Modello Casson: $\sqrt{\tau} = \sqrt{\tau_0} + K\sqrt{\dot{\gamma}}$ (3.4)

Modello Herschel-Bulkley:

$$\tau = \tau_0 + K_{HB}\dot{\gamma}^n \quad (3.5)$$

Dove, т è lo sforzo di taglio (Pa), γ è la velocità di taglio (s^{-1}), ц è la viscosità newtoniana (Pa.s), K è il coefficiente di consistenza (Pa.sn), n (adimensionale) è l'indice di comportamento del flusso e то è lo sforzo di snervamento (Pa). Il più semplice è il modello Power Law [52].

111.2.2.4. Valutazione delle proprietà di penetrazione termica delle creme spalmabili alla frutta

Le creme spalmabili alla frutta contenenti xantano sono state confezionate (45 g) in buste flessibili in PA/PE di dimensioni interne pari a 120 x 40 mm e sigillate sotto vuoto leggero. Una sonda a termocoppia (sonda di temperatura di tipo RTD, DVP-94Y, Brookfield Co.) è stata inserita nella busta attraverso un foro praticato vicino al bordo superiore della busta per raggiungere la posizione del punto più freddo della crema spalmabile confezionata, cioè il centro geometrico della busta.

La confezione è stata immersa in un bagno d'acqua termoregolato (Brookfield Co.) a 85 °C. La variazione di temperatura all'interno della confezione è stata registrata in funzione del tempo fino al raggiungimento di 80 °C, quindi l'intero

set è stato rimosso dal bagno d'acqua e immerso in acqua fredda corrente a 27 °C. I dati termici sono stati registrati fino a quando la temperatura interna della confezione non ha raggiunto i 30°C.
La letalità cumulativa è stata calcolata come area totale del tasso di letalità per minuto vis. Curva temporale delle fasi di riscaldamento e raffreddamento del trattamento termico.

111.2.2.5. Gli attributi sensoriali sono stati valutati per i campioni di frutta spalmabile

A dodici panelisti è stato chiesto di valutare gli attributi organolettici (colore, consistenza, texture, odore, gusto e accettabilità generale) degli spalmabili come inaccettabili, accettabili o eccellenti. La frequenza di ogni risposta è stata calcolata ed espressa come percentuale delle risposte totali per ogni attributo sensoriale.

111.2.2.6. Gestione dei dati e analisi statistica

I dati raccolti sono stati riassunti utilizzando il programma Microsoft Excel. Lo stesso software è stato utilizzato per calcolare l'adattamento del modello e per tracciare i dati per la presentazione grafica.
L'analisi della varianza è stata condotta utilizzando il pacchetto software statistico SPSS v.11.5. Le analisi di regressione sono state utilizzate per studiare il grado di adattamento dei diversi modelli reologici ai dati reologici e per calcolare i parametri del modello. La bontà dell'adattamento; R^2 , la probabilità del valore F e l'entità dell'errore quadratico medio sono stati utilizzati per studiare il grado di adattamento del modello, ma è stato riportato solo R^2 in quanto sono risultati correlati. I confronti tra le medie dei trattamenti principali sono stati effettuati utilizzando il test L.S.D. a (P = 0,05) [53].

III.3. Risultati e discussione

III.3.1. Effetto della temperatura sulle proprietà reologiche delle puree di guava

La Fig. (3.1 A) mostra l'effetto dell'aumento della velocità di taglio sulla viscosità apparente della purea di guava a 40 e a 60°C. La purea di guava ha mostrato una viscosità più bassa alla temperatura più alta e una diminuzione della viscosità apparente. I risultati osservano che la purea di guava presenta un comportamento pseudoplastico non newtoniano. Le differenze nei valori di viscosità tra le due temperature testate sono diminuite con l'aumento della velocità di taglio. L'adattamento dei dati ai modelli reologici noti: Bingham (Fig. 3.1 B), Power Law (Fig. 3.1 C) e Herschel-Bulkley (Fig. 3.1 D) ha indicato che gli ultimi due hanno mostrato valori di R^2 più elevati, ovvero una maggiore bontà di adattamento rispetto a quello di Bingham. Il valore della resa della purea di guava è stato più alto a 40°C rispetto a 60°C, il che indica che è necessario un minore apporto di energia per avviare il flusso della purea a temperature più elevate.

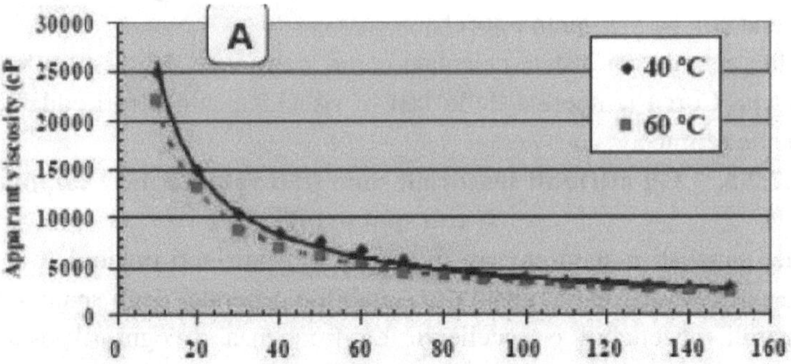

Fig. 3.1 A. Viscosità apparente della purea di guava misurata all'aumentare della velocità di rotazione della spatola a 40 e 60 C.

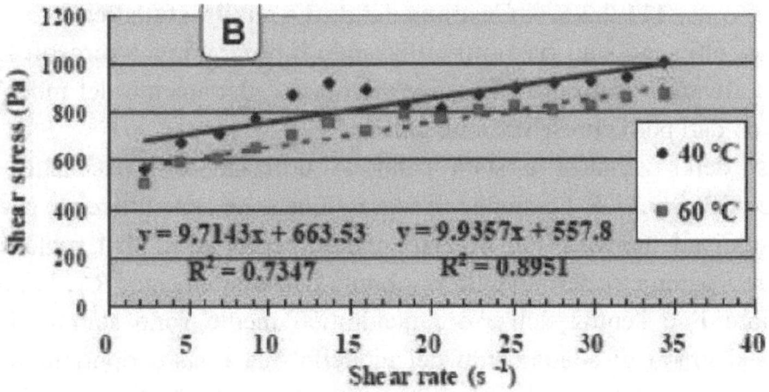

Fig. 3.1 B. Dati di shear stress shear rate della purea di guava a 40 e 60 C adattati al modello di Bingham.

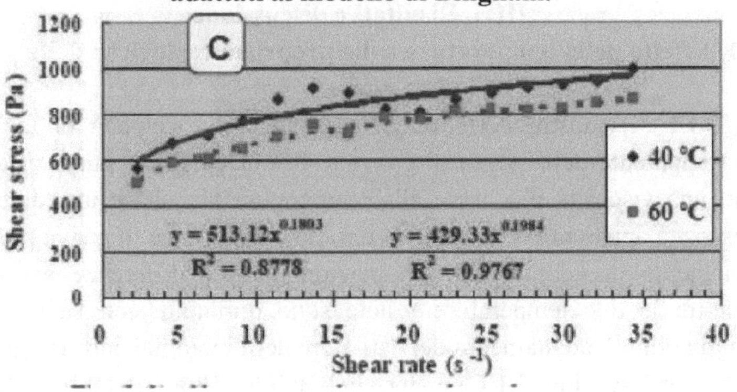

Fig. 3.1 C. Dati di shear stress shear rate della purea di guava a 40 e 60 C adattati al modello Power Law.

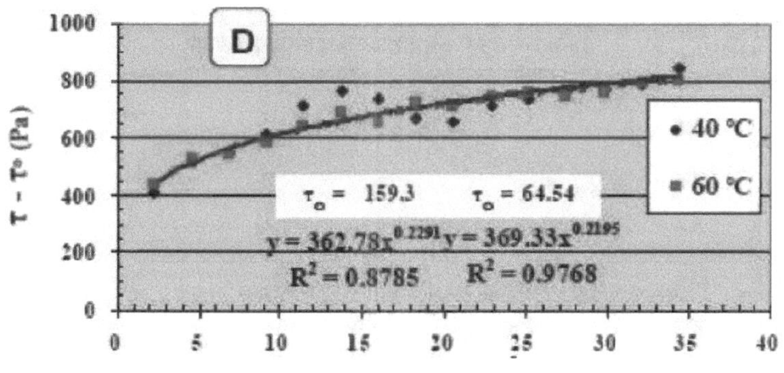

Fig. 3.1D. Sforzo di taglio - tensione di snervamento (τ - τ) rispetto alla velocità di taglio della purea di guava a 40 e 60 C, secondo il modello di Herschel-Bulkley.

Figura 3.1. Dati reologici della purea di guava ed equazioni per i modelli adattati;

Bingham [B], Power law [C] e Herschel-Bulkley [D] a 40 e 60^0 C.

111.3.2. Effetto dell'aggiunta di un addensante sulle proprietà reologiche della crema spalmabile di guava

Le creme spalmabili di guava contenenti xantano presentavano valori di viscosità più elevati rispetto a quelle contenenti gomma di guar o CMC (Fig. 3.2 A). Dalla Fig. (3.2 A) si nota anche che tutti gli spalmabili di guava hanno mostrato proprietà pseudoplastiche non neotiniane. Il modello di Herschel-Bulkley si è adattato meglio ai dati rispetto alla legge di potenza o a Bingham, confermando l'esistenza di una tensione di snervamento. I dati sono stati adattati ai modelli reologici di Bingham (Fig. 3.2 B), Power Law (Fig. 3.2 C), Herschel-Bulkley (Fig. 3.2 D) e Casson (Tabella 3.2). Il modello di Herschel-Bulkley ha mostrato il miglior adattamento (registrando i valori più alti di R^2) seguito dal modello di Casson per la crema di guava, indipendentemente dal tipo di gomma. La crema spalmabile di guava contenente CMC ha mostrato R^2 = 0,99 per la legge di potenza, mentre la crema spalmabile di guar^2 =0,987 per il modello di Bingham. Ciò indica un comportamento tixotropico non newtoniano con l'esistenza di una tensione di snervamento per tutti i tipi di gomma. Il valore dello sforzo di snervamento è stato più alto per la crema di guava contenente xantano rispetto a quella contenente gomma di guar, mentre la crema di guava contenente CMC ha registrato i valori più bassi per questi modelli considerando il valore dello sforzo di snervamento.

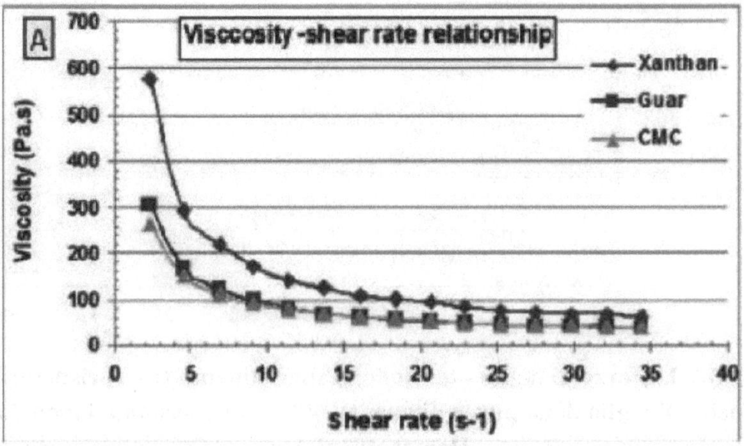
A
Viscosity -shear rate relationship
Xanthan
Guar
CMC
Viscosity (Pa.s)
Shear rate (s-1)

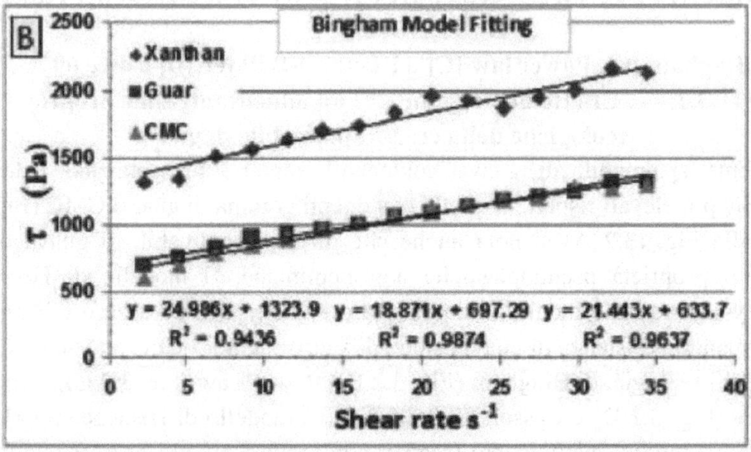
B
Bingham Model Fitting
Xanthan
Guar
CMC
τ (Pa)
y = 24.986x + 1323.9
R² = 0.9436
y = 18.871x + 697.29
R² = 0.9874
y = 21.443x + 633.7
R² = 0.9637
Shear rate s⁻¹

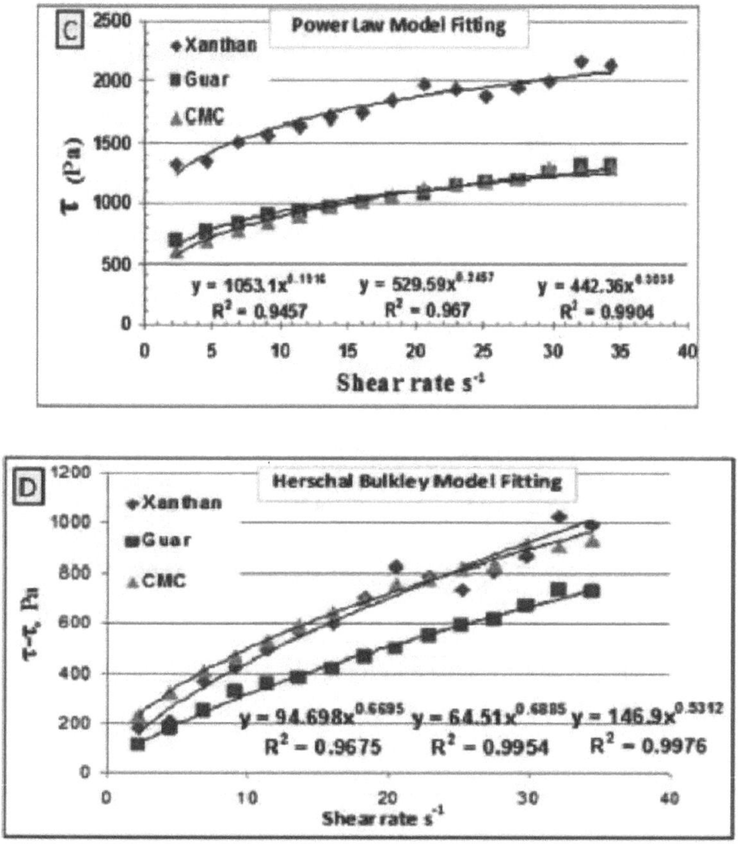

Figura 3. 2. Dati reologici dei filetti di guava e calcolo delle costanti del modello (B; Bingham; C legge di potenza; D; modelli di Herschel-Bulkley).

111.3.3. Effetto della temperatura sulle proprietà reologiche della crema alla banana

Le figure (3.3 A, 3.3 B, 3.3 C, 3.3 D) illustrano l'effetto dell'aumento della velocità di taglio sulla viscosità della crema di banane a 25, 40 e 60°C. La crema spalmabile di banana ha avuto un comportamento pseudoplastico non newtoniano a tutte le temperature testate. Tuttavia, i dati delle banane spalmabili a 60°C non si adattavano bene a nessuno dei modelli. L'adattamento migliore è stato riscontrato per la banana spalmabile a 40°C, seguita da quella misurata a 25°C.

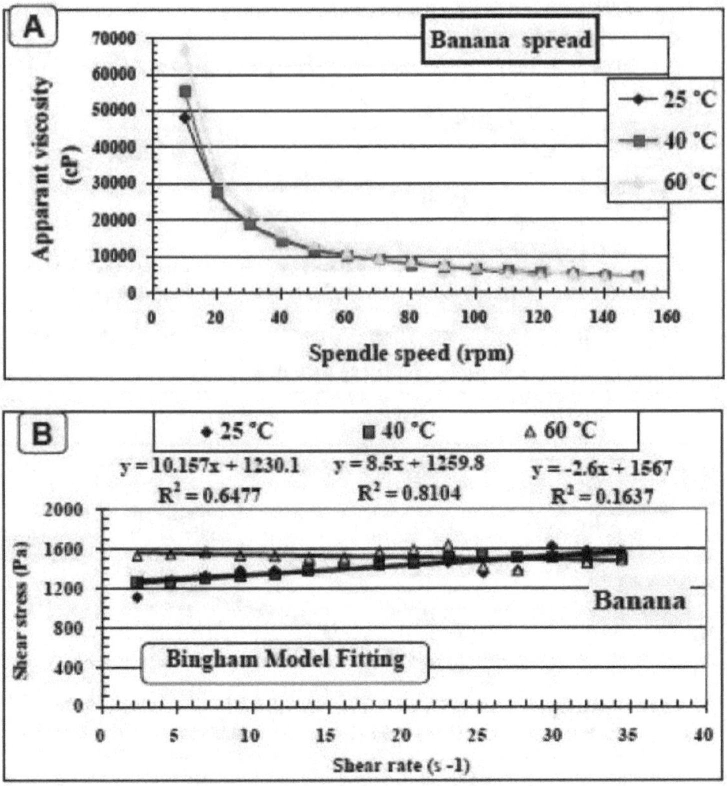
A
Banana spread
Apparant viscosity (cP)
70000
60000
50000
40000
30000
20000
10000
0
0
20
40
60
80
100
120
140
160
Spendle speed (rpm)
25 °C
40 °C
60 °C
B
25 °C
40 °C
60 °C
y = 10.157x + 1230.1
R² = 0.6477
y = 8.5x + 1259.8
R² = 0.8104
y = -2.6x + 1567
R² = 0.1637
Shear stress (Pa)
2000
1600
1200
800
400
0
Banana
Bingham Model Fitting
0
5
10
15
20
25
30
35
40
Shear rate (s -1)

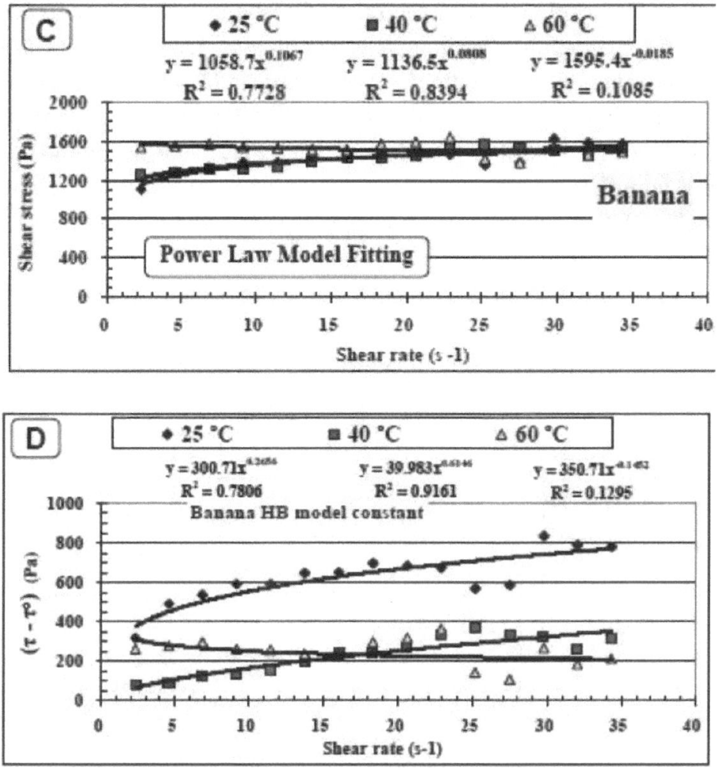

Figura 3.3. Dati reologici della banana spalmata e calcolo delle costanti del modello (B; Bingham; C legge di potenza; D; modelli di Herschel-Bulkley).

111.3.4. Effetto della temperatura sulle proprietà reologiche della crema alla fragola

L'effetto dell'aumento della velocità di taglio sulla viscosità apparente della purea di fragole a 25, 40 e 60 °C è stato rappresentato in Fig. (3.4 A, 3.4.B, 3.4.C, 3.4.D). La purea di fragole possiede un comportamento pseudoplastico non newtoniano con l'esistenza di una tensione di snervamento a tutte le temperature testate. Il modello HB mostra il miglior adattamento, seguito dai modelli Casson e Power Law. La tensione di snervamento è risultata più elevata a 40°C rispetto a 25°C, mentre il valore minimo è stato registrato a 60°C per il modello HB; la stessa tendenza è stata riscontrata per i modelli Bingham e Casson, ma con differenze di minore entità. I parametri k, n dei modelli reologici per le creme spalmabili alla frutta studiate e i loro valori di regressione sono riportati nella Tabella (3.2).

Le creme spalmabili (guava e fragola) contenenti xantano si sono adattate bene ai modelli di Hersckel e Bulkly, seguiti da Casson e Power Law, in particolare per le creme spalmabili alla fragola e alla guava. La crema alla banana ha registrato il minor R^2 tra tutte le creme per tutti i modelli adattati e, di conseguenza, i dati meno adatti a tutti i modelli. La potenza n, ovvero l'indice di comportamento del flusso, del modello Power Law delle tre creme spalmabili contenenti gomma xantana era di gran lunga inferiore rispetto alle controparti del modello HB. Quando n si avvicina a 1,0 il fluido possiede l'attributo newtoniano.

La tabella (3.2) indica le differenze nei valori delle tensioni di snervamento per i tre spandimenti, calcolate da diversi modelli. Il modello di Bingham presenta valori di tensione di snervamento maggiori rispetto al modello Hb. Il modello di Cassion ha registrato i valori più bassi di tensione di snervamento.

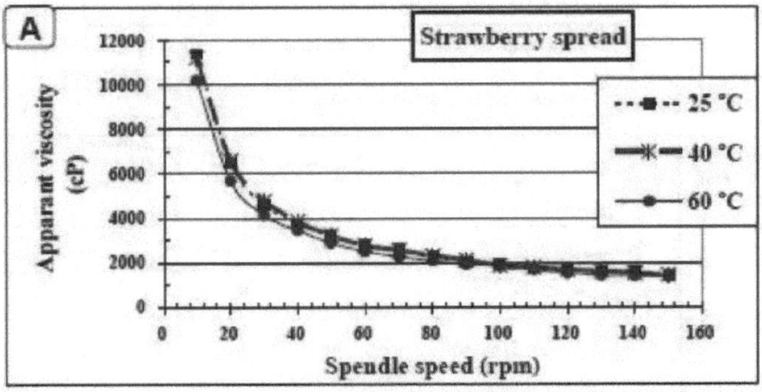

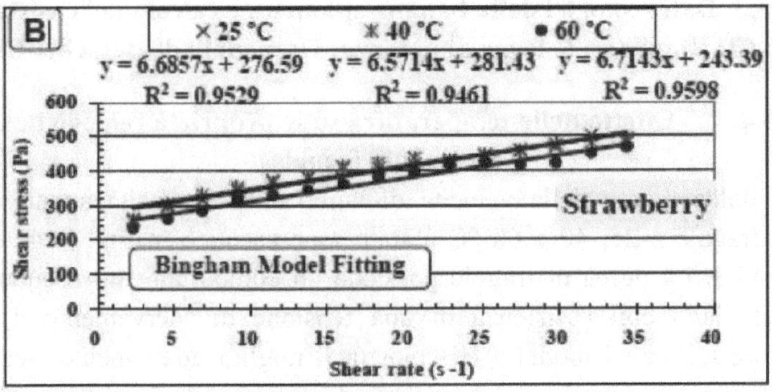

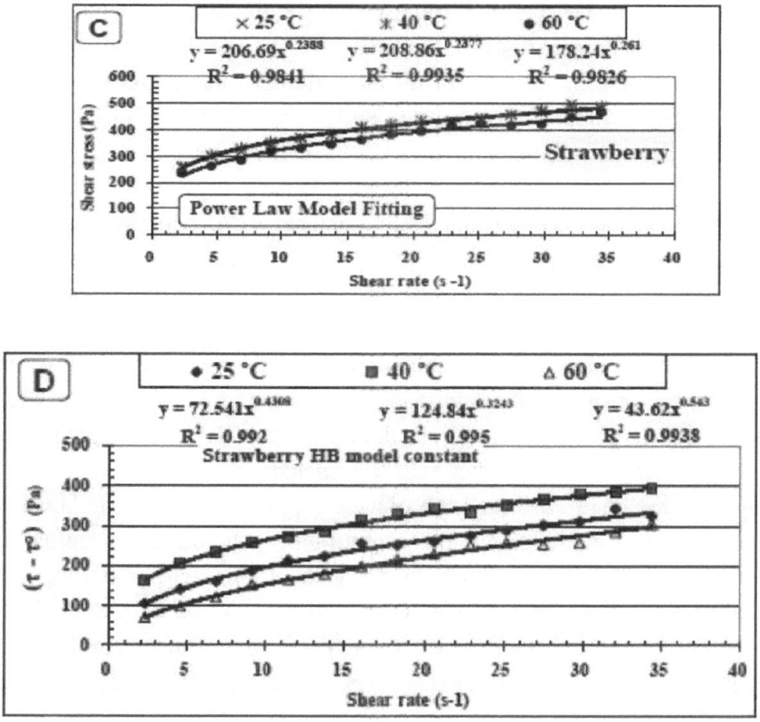

Figura 3.4. Dati reologici della fragola spalmata e calcolo delle costanti del modello (B; Bingham; C legge di potenza; D; modelli di Herschel-Bulkley).

111.3.5. Valutazione sensoriale di creme spalmabili a base di xantano contenenti banana, guava e fragola

La Fig. (3.5) mostra le percentuali di risposta dei panelisti agli attributi sensoriali delle creme spalmabili alla banana, alla guava e alla fragola contenenti l'1% di gomma xantana. Per quanto riguarda l'attributo colore delle creme spalmabili alla frutta, solo il 14,1% o meno ha giudicato inaccettabile il colore delle tre creme. Il colore della crema alla banana è stato accettato dal 75% dei partecipanti,

mentre il colore di guava e fragola è stato giudicato eccellente rispettivamente dall'85 e dal 75% dei panelisti.

La consistenza delle creme spalmabili è stata giudicata eccellente dal 50% dei panelisti per la crema alla banana, dal 62% per la crema alla fragola e dal 71,4% per la crema alla guava (Fig. 3.5). Nessuno dei panelisti ha giudicato inaccettabile l'attributo di consistenza. Al contrario, il 42,9% dei panelisti ha risposto che la consistenza della purea di guava era inaccettabile. L'attributo consistenza delle creme spalmabili alla banana e alla fragola è stato giudicato eccellente dal 50% dei panelisti.

Nessuno dei panelisti ha giudicato l'attributo olfattivo inaccettabile per nessuna delle tre creme spalmabili. L'attributo dell'odore è stato valutato eccellente dall'85,7% delle risposte dei panelisti per la crema alla guava, dal 75% per quella alla fragola e dal 50% per quella alla banana. Il gusto è stato giudicato inaccettabile solo dal 12,5% e dal 14,3% dei panelisti, rispettivamente per la crema alla banana e per quella alla guava. L'attributo del gusto è stato giudicato eccellente dal 57,1%, dal 37,5% e dal 25% dei panelisti, rispettivamente per le creme spalmabili alla guava, alla fragola e alla banana. L'attributo dell'accettabilità generale è stato giudicato accettabile o eccellente dai panelisti. Questo attributo è risultato accettabile per lo spalmabile alla banana dal 62% dei panelisti ed è stato giudicato eccellente dal 62% e dal 71,4% dei panelisti per gli spalmabili alla fragola e alla guava, rispettivamente.

Dalla valutazione degli attributi organolettici si può concludere che la crema di guava ha ottenuto i punteggi più alti, seguita da quella alla fragola e da quella alla banana, tranne che per l'attributo della consistenza che è stato giudicato inaccettabile (granuloso) dal 42,9% dei panelisti. Ciò può essere attribuito al processo di omogeneizzazione che dovrebbe essere più efficace con la crema di guava, altrimenti si dovrebbe utilizzare un setaccio più fine per eliminare le particelle granulose.

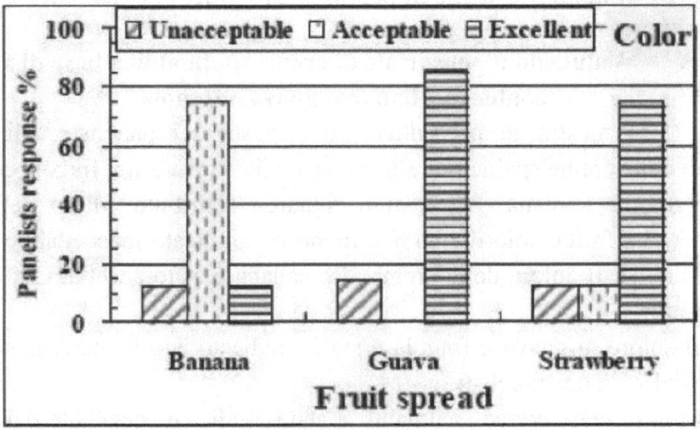

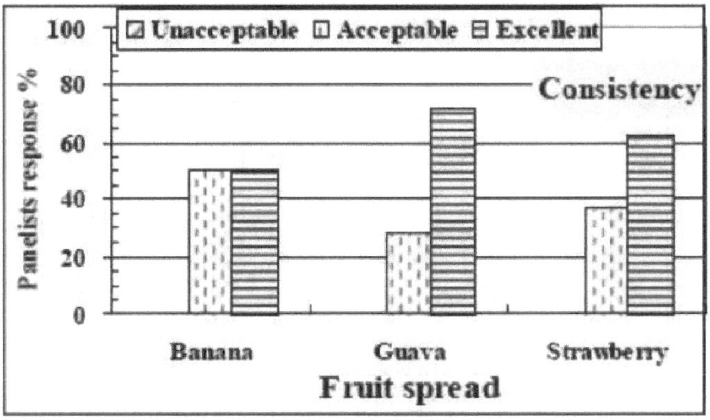

Unacceptable
Acceptable
Excellent
Consistency
Panelists response %
100
80
60
40
20
0
Banana
Guava
Strawberry
Fruit spread

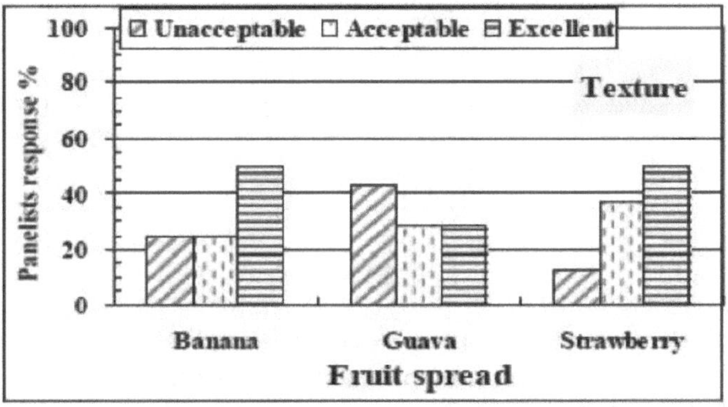

Unacceptable
Acceptable
Excellent
Texture
Panelists response %
100
80
60
40
20
0
Banana
Guava
Strawberry
Fruit spread

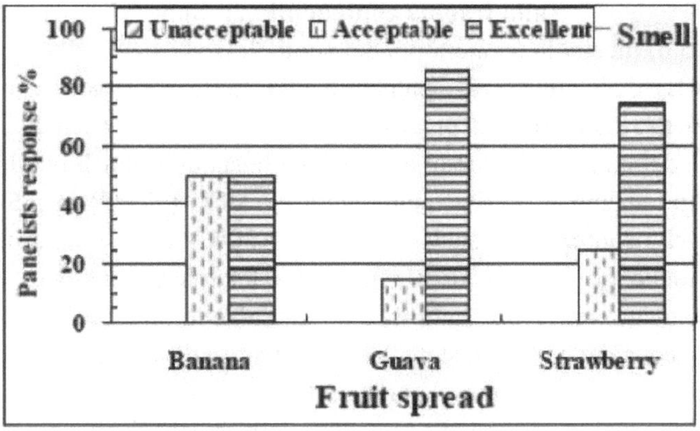

Unacceptable
Acceptable
Excellent
Smell
Panelists response %
100
80
60
40
20
0
Banana
Guava
Strawberry
Fruit spread

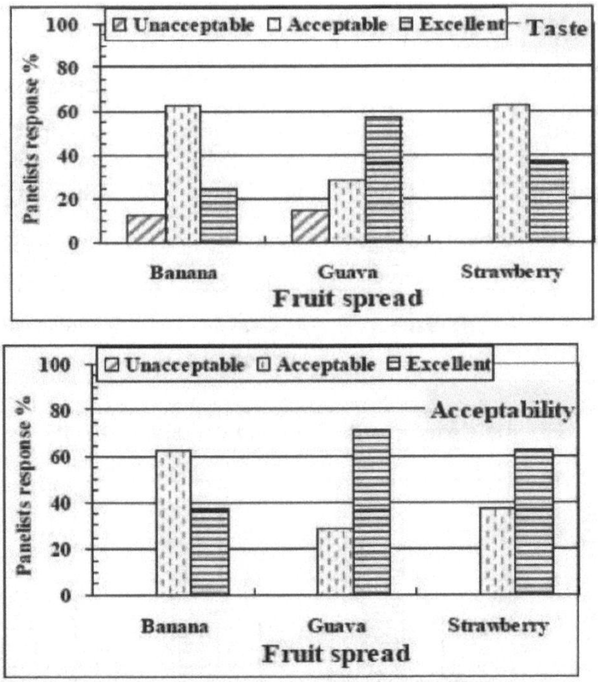

Figura 3.5. Percentuale di risposte dei panelisti agli attributi sensoriali delle tre creme spalmabili alla frutta.

III. 3.6. Penetrazione termica di creme spalmabili alla banana, alla guava e alla fragola contenenti xantano

La Figura (5.6) mostra la temperatura del punto di freddo (A) e il tasso di letalità al minuto (B) delle tre creme spalmabili alla frutta confezionate nella busta flessibile in PA/PE durante il processo di riscaldamento e raffreddamento. La temperatura del punto di freddo al centro della busta di spalmabile alla fragola è aumentata gradualmente fino a raggiungere gli 80°C (177°F) in 5,5 minuti. Il contenuto della confezione è stato raffreddato a 40°C (104°F) in 2,5 minuti, per un tempo totale di processo di 8 minuti. La letalità cumulativa calcolata di questo trattamento termico è stata di 1357 (area sotto la curva di letalità), che può essere considerata sufficiente per inattivare gli enzimi endogeni della fragola spalmabile e sterilizzare il contenuto della busta.

La temperatura del punto freddo al centro della busta di guava spalmabile è aumentata gradualmente fino a raggiungere 80°C (177°F) in 6,5 minuti. Il contenuto della confezione è stato raffreddato a 40°C (104°F) in 4,7 minuti, per un tempo totale di processo di 11,2 minuti. La letalità cumulativa calcolata di questo trattamento termico è stata di 1611,7 (area sotto la curva di letalità), pari

a
può essere considerato sufficiente per inattivare gli enzimi endogeni della guaiava e sterilizzare il contenuto della busta.
La temperatura del punto freddo al centro della busta di banana spalmabile è aumentata gradualmente fino a raggiungere gli 80°C (177°F) in 6,5 minuti. Il contenuto della confezione è stato raffreddato a 40°C (104°F) in 3,7 minuti, per un tempo totale di processo di 10,2 minuti. La letalità cumulativa calcolata di questo trattamento termico è stata di 655,6 (area sotto la curva di letalità), molto inferiore a quella delle creme spalmabili alla guava e alla fragola. Più grande è l'area sotto la curva di letalità, maggiore è la quantità di calore ricevuta dal prodotto.
La differenza di velocità di riscaldamento e di letalità cumulativa tra le creme spalmabili alla frutta potrebbe essere attribuita alla differenza del tipo di frutta, cioè dei suoi componenti, e alla loro interazione con l'agente addensante, la gomma xantana, che ha influenzato la consistenza della crema (viscosità) e il modello di penetrazione del calore. Ciò è risultato evidente dai risultati reologici sopra menzionati. L'acquirente flessibile, con le sue dimensioni ridotte, le pareti sottili e la forma cilindrica, non ostacola la penetrazione del calore e quindi è necessario un tempo di processo inferiore per ottenere la stessa pastorizzazione o sterilizzazione dei prodotti confezionati, cioè conserva i nutrienti, la qualità sensoriale e risparmia tempo e costi del processo di riscaldamento [46, 54].

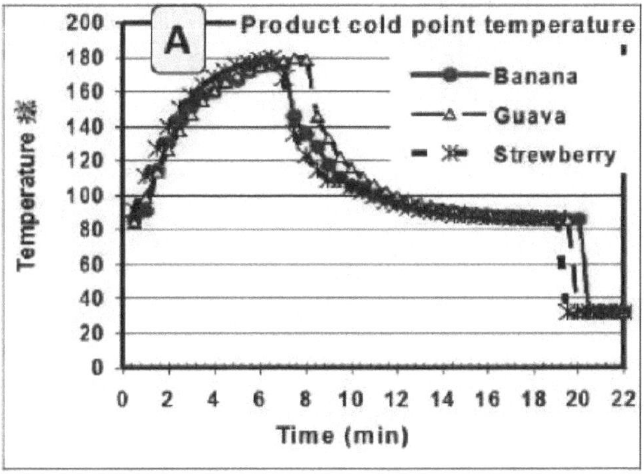

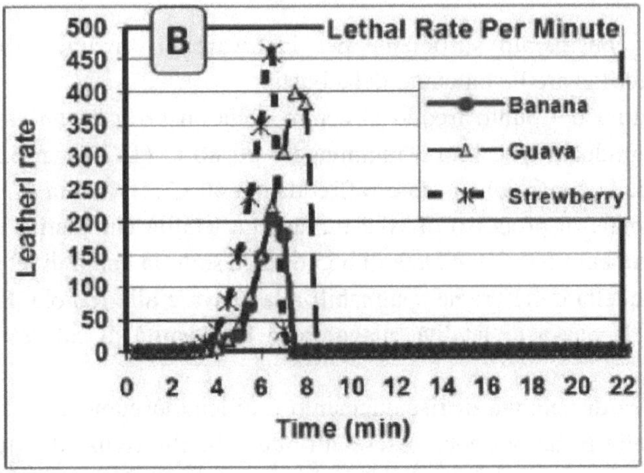

Figura 6. A). Cure di penetrazione termica di creme spalmabili alla banana, alla guava e alla fragola (1% di gomma xantana) confezionate in imballaggi flessibili in PA/PE. B). Cure di letalità al punto più freddo delle creme spalmabili di banana, guava e fragola (1% di gomma xantana) confezionate in imballaggi flessibili in PA/PE.

Tabella 3.2. Parametri e R2 di diversi modelli reologici adattati ai dati di alcune creme spalmabili alla frutta e della purea di guava.

Prodotto		**Purea di guaiava**		**Diffusione di Gtuva**		Crema spalmabile **alla banana**				Crema spalmabile **alla fragola**		
GUIQ (Ciao)		nessuno	MN№	CMC	Guar	Xaothan	Xantano			**Xautkai i**		
Modek; parametri		40 *C	60'C	2? °C	2? °C	2? °C	25 °C	40 °C	"0 °C	**25 "C**	40 °C	60 °C
Newtoniano	R-	0.857	0.872	0.916	0.902	0.877	0.828	0.S08	0.759	0.693	0.891	0.902
	P	37.75	33.51	48.22	48.34	80.93	62.14	61.74	63.62	16.37	ie.46	17.00
	R-	0.735	0.895	0.964	0.987	0.944	0.648	0.810	0.164	0.953	0.946	0.960
ШЕЩШГ	P	9.71	9.94	21.44	18.87	24.99	10.16	8.50	-2.60	6.69	6.57	6.7 i
	A	6ШЗ	557 .SO	633.7 0	697.2 9	1323 ,S8	1230.06	1259.8 1	1566.9 7	276.59	261.43	243.39
	P?	0.S7S	0.977	0.990	0.967	0.946	0.773	0.S39	0.108	0.984	0.994	0.983
Legge di potenza	n	0.18	0.20	0.30	0.25	019	0.11	o.os	-0.02	0.24	0.24	0.26
	Xi	.513.12	429.3 3	442.3 6	529.5 9	1053.06	1058.73	1136.4 7	1595.3 5	206.69	208 ,S6	178.24
	P[1]	0.S08	0.950	0.992	0.994	0.966	0.710	0.S57	0.140	0.984	0.9S2	0.987
Cassiou	KG	1.41	1.50	2.72	2.30	2.35	1.11	0.90	-0.24	1.35	1.33	1.41
	7 Tp	23.19	21.00	20.74	22.77	32.51	33.07	33.93	39.95	14.39	14.53	13.28
	P?	0.Ë7B5	0.976 8	0.997 6	0.995 4	0.9675	0.7806	0.9161	0.1295	0.992	0.995	0.993 S

Heisuhek	A	159J	64.5	369.3	583.2	1142.5	787.4	1184.1	1272.1	156.8	94.8	164.4
Biilkiey	n	0.229	0.2195	0.531	0.6886	0.6697	0.2656	0.6146	-0.1453	0.4308	0.3243	0.543
	Kcff1	362.77	369.33	147.03	64.48	94.63	300.71	39.98	350.71	72.54	124.S8	43.62

R2 = coefficiente di regressione; ц = viscosità apparente; τ_o = tensione di snervamento; K = coefficiente di consistenza; n = indice di comportamento al flusso.

III. 4. Conclusione

Le creme spalmabili alla frutta, con una concentrazione di gomma dell'1%, hanno mostrato proprietà pseudoplastiche non newtoniane con assottigliamento al taglio. I modelli di Herschelbulkley e Power law si adattavano bene ai dati reologici, seguiti dal modello di Casson. Questi risultati sono in accordo con quelli riportati da [37, 50, 56, 57].

Il profilo di penetrazione del calore ha suggerito il possibile utilizzo di buste flessibili per il confezionamento di frutta spalmabile. La valutazione sensoriale delle creme spalmabili alla guaiava, alla banana e alla fragola ha indicato prodotti accettabili dai panelisti per la maggior parte degli attributi valutati. Ulteriori lavori dovrebbero essere indirizzati alla produzione su scala di impianto pilota e allo studio della shelf life del prodotto.

Riferimento

1. Diversificarea si perioada de recoltare a soiurilor de zmeura, Articol. Disponibile: https://madein.md/news/drumul-fructelor/diversitatea-si-perioada-de-recoltare-a- soiurilor-de-zmeura
2. Soiuri performante di zmeura si mure, Articol. Disponibile: https://www.gazetadeagricultura.info/pomicultura/599-arbusti-fructiferi/20639-soiuri-performante-de-zmeura-si-mure.html
3. Zmeura. Disponibile: https://www.ghidnutritie.ro/articol/fructe/zmeura
4. Klopotek, Y., Otto, K., Bohn, V., La trasformazione delle fragole in prodotti diversi altera i contenuti di vitamina C, fenoli totali, antociani totali e capacità antiossidante, J. Agric Food Chem. Joule 13;53 (14) , 2005.
5. Sandulachi, E., Capsune si zmeura - surse majore de bioantioxidan^i, Agricultura Moldovei, nr.6, 2005 26-28 p.
6. Sandulachi, E., P. Tatarov, D. Croitor, N. Prutean, Estimarea modificarii proprietatilor fizico-chimice ale fructelor de padure la depozitare si procesare, Universitatea Tehnica a Moldovei, 173-178 p.
7. Sandulachi, E., Tatarov, P., Dependenta starii reducatoare a pomusoarelor congelate de continutul in acid ascorbic, antociane si polifenoli totali, Meridianul Ingineresc, nr. 4, 2006, p. 93 - 97.
8. Hotarare de guvern nr. 1523 din 29.12.2007 cu privire la aprobarea Reglementarii tehnice "Fructe si legume uscate (deshidratate)".
9. Becker, B., Frecker, B., Transpiration and respiration of Fruits and Vegetables, Proc. Lexington. IIR/IR -Comm. C2 con B2, D1 e D2-3, 6, 1996. 110-121 p.
10. Tatarov, P., Sandulachi, E., Chimia produselor alimentare, Ciclu de prelegeri, Vol. III, Chisinau, U.T.M., 2010, 155 p.
11. БАЛАН, Е., Био - энергетические основы холодильной технологии хранения фруктов и овощей, Одесса-Кишинев, 2004. 244 с.
12. Banu, C., Principiile conservarii produselor alimentare, Editura Agir, Bucure§ti, 2004, p.77-113.
13. Kader, A., Biochemical and phzsiological basis for efects of controllend and modifien atmospheres on fruits and vegetables, Food Techol, 40 (5) 99-100 and 102-104, 1986.
14. Jamba, A., Carabulea B., Tehnologia pastrarii si industrializarii produselor horticole, Chisinau, Editura Cartea Moldovei, 2004. 494 p.
15. Hotarare de guvern nr. 929 din 31.12.2009 cu privire la aprobarea Reglementarii tehnice "Cerin^e de calitate si comercializare pentru fructe si legume proaspete".
16. ГОСТ 33915-2016 МАЛИНА И ЕЖЕВИКА СВЕЖИЕ. Технические

условия
17. Hotarare de guvern nr. 221 din 16.03.2009 cu privire la aprobarea Regulilor privind criteriile microbiologice pentru produsele alimentare.
18. Hotarare de guvern nr. 216 din 27.02.2008 cu privire la aprobarea Reglementarii tehnice "Gemuri, jeleuri, dulceturi, piureuri si alte produse similare"
19. Hotarare de guvern nr. 204 din 11.03.2009 cu privire la aprobarea Reglementarii tehnice "Produse de cofetarie"
20. ГОСТ 32049-2013 АРОМАТИЗАТОРЫ ПИЩЕВЫЕ. Общие технические условия
21. КУЗНЕЦОВА, Л., СИДАНОВА, М., Технология и организация производства кондитерских изделий: Учебник, Москва, Академия, 2004. 480 с.
22. Marmelada. Disponibile: https://ru.scribd.com/document/169087582/marmelada
23. Tehnologia Fabricarii Marmeladelor. Disponibile: https://ru.scribd.com/document/130359628/Tehnologia-Fabricarii-Marmeladelor
24. МУРАТОВА, Е., СМОЛИХИНА, Н., Реология кондитерских масс: монография, Тамбов: Изд-во ФГБУ ВПО ТГТУ, 2013. 188 с.
25. Hotarare de guvern nr. 774 din 03.07.2007 cu privire la aprobarea Reglementarii tehnice "Zahar. Produzione e commercializzazione".
26. ГОСТ 33917-2016 ПАТОКА КРАХМАЛЬНАЯ. Общие технические условия
27. ГОСТ 16280-2002 АГАР ПИЩЕВОЙ. Технические условия
28. ГОСТ 908-2004 КИСЛОТА ЛИМОННАЯ МОНОГИДРАТ ПИЩЕВАЯ. Технические условия.
29. ГОСТ 32684-2014 Полуфабрикаты. ПЮРЕ ФРУКТОВЫЕ, КОНСЕРВИРОВАННЫЕ ХИМИЧЕСКИМИ КОНСЕРВАНТАМИ. Технические условия
30. Hotarare de guvern nr. 229 din 29.03.2013 pentru aprobarea Regulamentului sanitar privind aditivii alimentari
31. ГОСТ 32745-2014 Добавки пищевые. КРАСИТЕЛИ. Технические условия
32. Pavlovic, S., Tepic, A., Vujicic, B., Marmellate a basso contenuto calorico, Articolo, APTEFF, 2003.
33. Simonovic, M., Ostojic, S., Micic D., Pejin, B., Low sugar jellies of berry fruits: the impact of low vs. high temperature regime on their chemical composition and antioxidativity, Natural product research, 2019.
34. Zecher, D. e R. Van Coillie (1992). Derivati della cellulosa. In: "Addensanti

e gelificanti per alimenti" A. Imeson. (ed.) Cap. 3. Blackie Academic and Professional. Glasgow, Regno Unito. p. 40-65.
35. Rabie, S.M. (2000). Alcuni studi reologici sui nettari di carota, arancia, pesca e prugna. Egitto. J. Appl. Sci. 15(1): 196-213.
36. Rabie, S.M., A.M. Ali e A.H. Ahmed (1999). Effetto degli agenti stabilizzanti della consistenza sulle proprietà reologiche e sulla qualità del nettare di guava. Egitto. J. Appl. Sci., 14 (2): 306 - 317.
37. Alvarez, M. D. e Canet, W. (2013). Caratterizzazione reologica tempo-indipendente e tempo-dipendente di puree per lattanti a base vegetale. *Journal of Food Engineering*, *114*(4), 449-464.
38. Griffin RC Jr. (1987). Imballaggi in plastica ritrasformabili. In: Paine, F.A. [a cura di]. Modern Processing, Packaging and Distribution Systems of Food. Westport, CT: AVI Publishing Co. p 1-19.
39. Lopez - Sanchez, P., Nijsse, J., Blonk, H. C., Bialek, L., Schumm, S. e Langton, M. (2011). Effetto dei trattamenti meccanici e termici sulla microstruttura e sulle proprietà reologiche di dispersioni di carote, broccoli e pomodori. Journal of the Science of Food and Agriculture, 91(2), 207-217.
40. Morales-Blancas, E. F., Chandia, V. E. e Cisneros-Zevallos, L. (2002). Cinetica di inattivazione termica della perossidasi e della lipossigenasi di broccoli, asparagi verdi e carote. Journal of Food Science, 67(1), 146-154.
41. Kampis A, Bartucz-Kovacs O, Hoschke A, Vamos-Vigyazo L. (1984). Cambiamenti nell'attività della perossidasi dei broccoli durante la lavorazione e la conservazione congelata. Lebensm- Wiss u-Technol 17(5):293-295.
42. Guerrero, S. N. e Alzamora, S. M. (1997). Effetto del pH, della temperatura e dell'aggiunta di glucosio sul comportamento di flusso delle puree di frutta I. Purea di banana. Journal of Food Engineering, 33(3), 239-256.
43. Coronel, P., Truong, V. D., Simunovic, J., Sandeep, K. P. e Cartwright, G. D. (2005). Trattamento asettico di puree di patate dolci con un sistema a microonde a flusso continuo. Journal of food science, 70(9), E531-E536.
44. Smith DA, Mccaskey TA, Harris H, Rymal KS. 1982. Miglioramento delle puree di patate dolci riempite asetticamente. J Food Sci 46:1130-42.
45. Fasina OO, Farkas BE, Fleming HP. 2003. Proprietà termiche e dielettriche della purea di patate dolci. Int J Food Prop 6:461-72.
46. Lopez A. 1987. Corso completo di conserve e processi correlati. Libro III. Procedura di lavorazione dei prodotti in scatola. Baltimora, Md. The Canning Trade. p. 96.
47. Sharoba, A. M., El-Desouky, A. I. e Mahmoud, M.H. (2012). Effetto dell'aggiunta di idrocolloidi ed edulcoranti sul comportamento di flusso e sulle proprietà sensoriali di miscele di nettare di papaia e albicocca. J. Food Process

Technol., 3: 170.
48. Maceiras, R., Alvarez, E. e Cancela, M. A. (2007). Proprietà reologiche delle puree di frutta: Effetto della cottura. *Journal of Food Engineering*, *80*(3), 763-769.
49. Ditchfield, C., Tadini, C. C., Singh, R. e Toledo, R. T. (2004). Proprietà reologiche della purea di banane ad alte temperature. International Journal of Food Properties, 7(3), 571-584.
50. Ahmed, J. (2007). Proprietà reologiche, termiche e dielettriche degli alimenti per l'infanzia in purea. Stewart Postharvest Review. 5(2): 1-12.
51. Anon (1993). Più soluzioni a problemi difficili. Una guida per ottenere di più dal vostro viscosimetro Brookfield. Brookfield Engineering Laboratories, Inc., MA. USA.
52. Harper, J.C. e A.F. El Sahrigi (1965). Comportamento viscosimetrico dei concentrati di pomodoro. J. Appld. Sci. 30: 470.
53. Snedecor, G. W. e W. G. Cochran (2013). Metodi statistici. 7a ed. Iowa State Univ., Press Ames, Iowa, USA, pag. 50.
54. Morales-Blancas, E. F., Chandia, V. E. e Cisneros-Zevallos, L. (2002). Cinetica di inattivazione termica della perossidasi e della lipossigenasi di broccoli, asparagi verdi e carote. Journal of Food Science, 67(1), 146-154.
55. Guerrero, S. N. e Alzamora, S. M. (1997). Effetto del pH, della temperatura e dell'aggiunta di glucosio sul comportamento di flusso delle puree di frutta I. Purea di banana. Journal of Food Engineering, 33(3), 239-256.
56. Ditchfield, C., Tadini, C. C., Singh, R. e Toledo, R. T. (2004). Proprietà reologiche della purea di banane ad alte temperature. International Journal of Food Properties, 7(3), 571-584.

Zeitfracht Medien GmbH
Ferdinand-Jühlke-Straße 7,
99095 - DE, Erfurt
produktsicherheit@zeitfracht.de

FSC
www.fsc.org
MIX
Papier | Fördert
gute Waldnutzung
FSC® C083411

Druck:
CPI Druckdienstleistungen GmbH
im Auftrag der
Zeitfracht Medien GmbH
Ein Unternehmen der Zeitfracht - Gruppe
Ferdinand-Jühlke-Str. 7
99095 Erfurt